JN440789

실무자를 위한 -

조명기초 가이드

황명근 · 박승옥 · 임종민 · 노재엽 공저

LTEC 차세대LED조명기술인력양성센터
LED Lighting Technology Education Center
www.ltec.or.kr

도서출판 아 진

"내가 가는 길을 그가 아시나니 그가 나를 단련하신 후에는 내가 순금 같이 되어 나오리라 (욥23 : 10)"

Copyright © 2010 by A-Jin Publishing Company.

이 책의 모든 저작권은 저자 및 역자에게 있습니다.
이 책의 모든 출판권은 **도서출판 아진**에 있습니다.
신저작권법에 의해 한국 내에서 보호를 받는 저작물이므로 무단전재 · 복사 · 제본을 금합니다.
무단전재 · 복사 · 제본시 5,000만원 이하의 벌금 및 형사처벌을 받습니다.

머리말

조명은 인간이 삶을 영위해 나아가는데 있어서 반드시 필요한 도구로서 그 시대의 기술 수준과 시대적 요구에 따라 큰 발전을 해 왔습니다. 과거 등화시대에 단순히 불을 밝히는 것에서부터 현재의 인간이 건강하고 쾌적한 삶, 아름다움을 창조하는 수단으로까지 또는 고효율 및 친환경적인 요구까지 조명에 대한 시대적 요구는 다양하고 광범위하게 변화하고 있으며 이를 충족시킬 수 있는 새로운 융・복합 IT-조명기술과 신광원에 대한 관심도 크게 높아지고 있습니다.

최근의 에너지절약과 환경문제에 대한 이슈가 크게 대두되면서 LED 조명을 중심으로 한 새로운 광원(LED, OLED 등)의 기술수요가 증가될 것으로 예상되고 있고 각 기업에서는 LED조명에 대한 기술경쟁력 향상을 위한 융・복합 학문에 대한 전문 기술 인력을 필요로 하고 있습니다.

세계적으로 국가와 기업의 핵심 경쟁의 원천이 量 위주의 인력(Man Power)에서 質 위주의 인력(Human Resource)으로 그 중요성이 전환되고 있는 시점입니다. 우리는 기존 조명산업의 경쟁력을 유지하면서 새로운 LED기술의 빠른 변화에 대응하여 LED조명기술을 발전시켜야 할 것입니다. 이를 위해서는 그 기술의 주체가 되는 기술 인력에 대한 전문화가 우선적으로 이루어져야 하며 이를 위한 다양한 전문 교육과정의 개발과 제반시설 등의 교육 인프라 확충이 필요로 합니다.

한국조명연구원 「차세대 LED조명기술인력양성센터」 에서는 2008년부터 정부의 지원사업으로 산・학・연・관 전문가 네트워크의 활용을 통한 LED epi・chip, Package·Module, Lighting application 등 LED분야별 기업 맞춤형 LED조명 교육을 실시하고 있습니다.

다양한 LED응용기술과 분야별 핵심기술 정보를 산업인력에게 제공함으로써 기업의 기술역량을 한층 강화하고 국내 조명산업이 LED조명을 중심으로 한 새로운 산업으로 도약되기를 기대합니다.

2010년 7월

한국조명연구원 차세대LED조명기술인력양성센터

저자 황 명 근

목 차

|제1장| 조명기초 가이드 — 1

제1절 빛 (Light) ······ 1

1. 개요 ······ 1
2. 빛과 시각 ······ 1
   2-1. 빛의 본질 ······ 1
      2-1-1. 전자기파 ······ 2
   2-2. 시각 (Human Visual System) ······ 4
      2-2-1. 눈의 구조와 기능 ······ 4
      2-2-2. 비시감도 ······ 6
      2-2-3. 시야 ······ 7
3. 빛과 제어 ······ 7
   3-1. 반사 ······ 8
      3-1-1. 반사광 특성 ······ 8
      2-1-2. 반사율 측정 ······ 10
   3-2. 굴절 ······ 11
      3-2-1. 굴절 법칙 ······ 11
      3-2-2. 가우스 광학 ······ 12
   3-3. 투과와 흡수 ······ 12
      3-3-1. 투과율 측정 ······ 13

제2절 광원 (Light Source) ······ 13

1. 광원의 발달 ······ 13

2. 광원의 종류 ······18
2-1. 백열전구 ······18
2-2. 형광 램프 ······21
2-3. 고휘도 방전램프 ······24
2-4. 고체 전계 발광 ······28
2-4-1. LED 광원의 특성 및 장점 ······29
3. LED광원의 조명분야 응용 사례 ······44
3-1. 주택분야 ······44
3-2. 시설분야 ······48
3-3. 점포분야 ······51
3-4. 옥외분야 ······55
3-5. 연출분야 ······58
3-6. 휴대전화분야 ······61
3-7. 도로교통 분야 ······62
3-8. 이동 물체 분야 ······71
3-9. Sign · Display 분야 ······73

제3절 조명 (Lamp) ······76
1. 조명과 색채 ······76
1-1. 색채 공학 ······76
1-1-1. 색의 정의 ······77
1-1-2. 색의 표시법 ······79
1-2. 조명의 색 특성 ······83
1-2-1. 색체 조절 ······84
1-2-2. 색체 심리학 ······86
2. 조명 용어 및 단위 ······89

2-1. 고체 각(Solid angle) ···90

2-2. 복사출력(Radiant flux)과 발광출력(광속 Luminous flux) ···92

2-3. 방출도(Exitance) ···93

2-4. 복사조도(Irradiance) 및 발광조도(Illuminance) ···93

2-5. 복사강도(Radiant intensity)와 발광강도(광도 Luminous intensity) ···94

2-6. 복사도(Radiance)와 발광도(휘도, Luminance) ···95

2-7. 균제도와 효율 ···97

2-8. 색온도 ···98

2-9. 연색성 ···99

2-10. Glare와 Flicker ···99

3. 측광 이론 ···100

3-1. 배광 측정 ···101

3-1-1. 배광 곡선 ···102

3-2. 광도 측정 ···103

3-3. 광속 측정 ···104

3-4. 조도 측정 ···105

3-4-1. 조도 계산 ···106

3-5. 휘도 측정 ···109

3-6. 분광 측정 ···109

4. 조명 기구 구조 ···110

4-1. 광학적 부분 ···110

4-1-1. 유리 ···110

4-1-2. 플라스틱 ···111

4-1-3. 금속 ···111

4-2. 전기적 부분 ···111

4-3. 기계적 부분 ···112

5. 조명 설계 ······112
5-1. 옥내조명설계 ······112
5-1-1. 광속 법에 의한 조명 설계방법 ······112
5-2. 옥외조명설계 ······117
5-2-1. 도로 조명 ······117
5-2-2. 터널 조명 ······118
6. 조명 기구 종류 ······120
6-1. 배광에 따른 분류 ······120
6-1-1. 직접조명기구 ······121
6-1-2. 반직접조명기구 ······121
6-1-3. 전반확산조명기구 ······122
6-1-4. 반간접조명기구 ······122
6-1-5. 간접조명기구 ······122
6-2. 형태에 따른 분류 ······123
6-2-1. 샹들리에 ······123
6-2-2. 매다는 조명기구(펜던트) ······124
6-2-3. 벽부조명기구(브래킷) ······125
6-2-4. 천장 직부형 조명기구(실링라이트) ······126
6-2-5. 매립형 조명기구 ······127
6-2-6. 다운라이트 ······127
6-2-7. 스탠드 ······128
6-2-8. 스포트라이트 ······129
6-2-9. 폴램프 ······130
6-2-10. 투광기 ······131
6-3. 용도에 따른 분류 ······132
6-3-1. 눈부심제어형 조명기구 ······132
6-3-2. 방폭형 조명기구 ······132
6-3-3. 공조형 조명기구 ······133

6-3-4. 방수형 조명기구 ······133

6-3-5. 이중절연 조명기구 ······133

|참고문헌 | ——— 135

|저자소개 | ——— 137

제1장

조명기초 가이드

제1절 빛 (Light)

1. 개요

조명이란 어떠한 목적을 가지고 특정의 피사체나 장소에 각종 광원을 이용하여 빛을 주거나 조절하는 행위를 말한다. 조명은 자연광은 물론 인공 광까지를 포함하여 빛을 조절하는 행위로서, 피사체를 효과적으로 표현하기 위해 알맞은 광원을 선택하는 행위까지를 포함한다. 이처럼 조명에 사용되는 광원(Light Source)이란 빛이 나오는 물체 혹은 곳을 나타내며, 이는 다양한 형태로 존재하거나 만들어지게 된다. 따라서 본 절에서는 조명 광원의 발달 및 구체적인 종류에 대해 다루기에 앞서 빛의 본질 및 기본적인 특성에 대한 명확한 이해와 인간이 그 빛을 받아들여 색을 인지하는 메커니즘에 대해서 먼저 기술하였다.

2. 빛과 시각

2-1. 빛의 본질

빛이란 일반적으로 사람이 볼 수 있는, 약 400nm-700nm의 파장을 가진 가시광선 (Visible Light)을 말한다. 하지만 물리학에서 쓰이는 넓은 의미로의 빛은, 눈에 보이는 것에 관계없이 모든 파장의 전자기파(Electromagnetic)를 말하기도 한다.

2-1-1. 전자기파

전자기파의 존재는 맥스웰(Maxwell)에 의해 이론적으로 유도되었고 그 후 Hertz 등에 실험적으로 그 존재가 증명되었다. [그림 1.2.1]에 보이는 것처럼 가시광선의 파장은 대략 380~770 nm 정도이다. 이보다 파장이 짧아지면 자외선, 엑스레이, 감마선으로 넘어가고, 이보다 파장이 길어지면 적외선, 마이크로파, 라디오파 등으로 연결된다. 특히 기시광선은 구성된 파장의 성분에 따라서 각각 다른 색채로 우리 눈에 지각된다. [그림 1.2.2]의 Newton의 실험처럼 태양광선을 프리즘을 통하여 분광시키면 가시광선의 균형이 깨뜨려져 7가지의 단색광으로 분해되는데, 이 단순 광들은 파장을 달리하는 각각의 색으로 나타난다. 역으로 이 분산된 광을 합치면 백색광으로 환원된다.

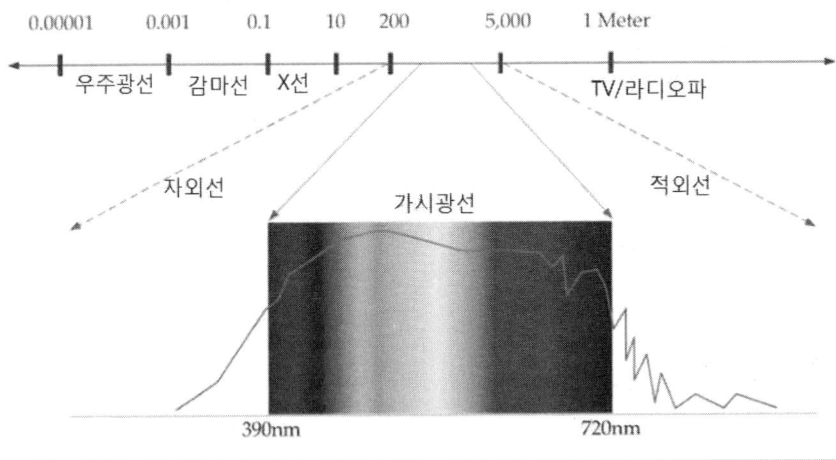

그림 1.2.1 파장의 함수로 본 전자기파의 분포

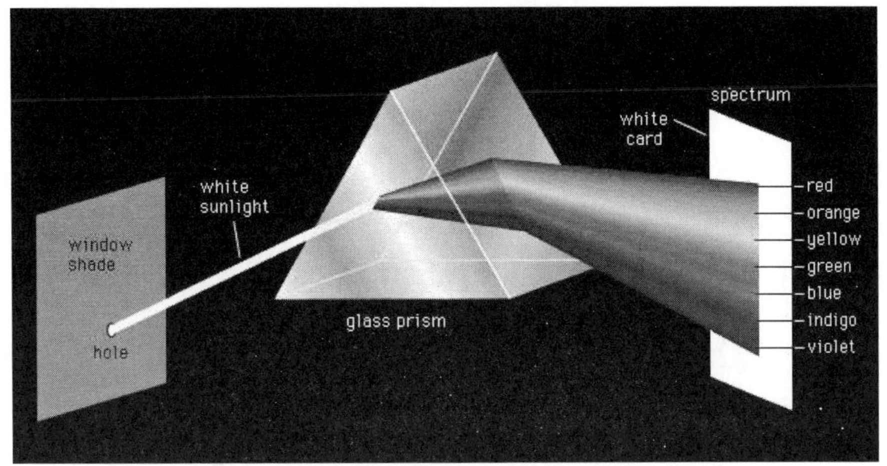

그림 1.2.2 프리즘 실험을 통한 가시광의 분산그림

전자기파와 관련해서 두 가지 중요한 공식이 있다.

① 전자기파의 진공 중의 속도(c)는 파장에 관계없이 일정하고 3.0*108 m/s 라는 값을 가지는데, 이는 전자기파의 진동수(ν)와 파장(λ)을 곱한 값과 동일하다. 즉,

$$c = \nu\lambda \quad (c = 3.0*108 \text{ m/s})$$

가령, 파장이 550 nm인 녹색광의 진동수는 아래와 같다

$$(3.0*10^{8} \text{ m/s})/(550*10^{-9} \text{ m}) = 5.5*1014 \text{ Hz}$$

② 전자기파는 파동이면서도 동시에 광자(photon)라고 하는 입자들로 구성되어 있다. 이 광자라는 입자 하나의 에너지(E)는 진동수(ν)에 비례하는데 그 비

례상수가 플랑크 상수(h)라고 하는 것이다.

$$E = h\nu = hc/\lambda \quad (h = 6.626*10^{-34}\ \text{Js})$$

2-2. 시각 (Human Visual System)

시각은 눈을 통해 인지하는 감각으로, 사물의 크기, 모양, 색, 멀고 가까움 등이 포함된다. 빛은 눈을 자극하여 시각을 일으키는 대표적인 물리적 원인으로 시지각의 내용이기도 하다. 특히 색 시각은 대상체로부터 눈에 들어오는 빛의 파장 구성에 대해 구별하는 감각으로 정의된다.

2-2-1. 눈의 구조와 기능

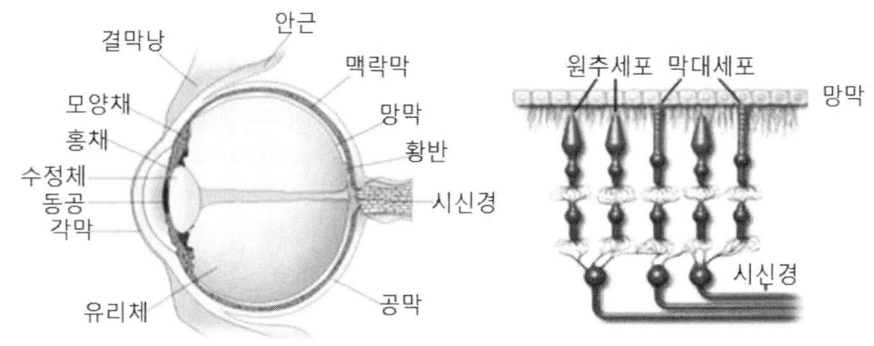

그림 1.2.3 눈의 구조

(1) 각막

각막은 안구의 외막 중 앞쪽 1/6을 차지하는 투명한 무 혈관 조직으로서, 각막의 기능은 안구를 보호하는 방어막의 역할과 광선을 굴절시켜 망막에 도달시키는 창으로서의 역할을 하며 그 굴절력은 +43 디롭터의 렌즈와 같다. 성인각막의 두께는 중심부가 0.5㎜, 주변부가 0.7㎜로 약간 두꺼운 오목렌즈형태이다. 한국 정상 성인의 각막직경은 가로 11.4㎜ 및 세로 10.8㎜이다, 각막은 5층으로 이루어진 조직으로 앞쪽에서부터 상피, Bowman층, 각막실질, Descemet막, 내피의 순서로 되어 있다.

(2) 홍채

홍채의 중앙에는 구멍이 나 있으며 이것을 동공이라 하여 눈으로 들어가는 광선의 양을 조절하는 조리개 역할을 한다. 홍채는 각막과 수정체 사이에 위치한다. 홍채의 색은 인종별, 개인별 차이가 많고 동일인에서도 양안에 차이가 있을 수 있고 또 한 쪽 눈에서도 홍채 부위에 따라 달라지기도 한다. 홍채의 색소 함량이 적으면 청색으로 보이고 많으면 갈색으로 보인다. 서양인의 경우 색소의 함량이 적어 햇빛에 노출되면 눈부심이 심하여 썬 그라스를 많이 착용한다.

(3) 모양체

모양체는 모양체 근의 작용에 의해 수정체를 변형시켜 조절력을 적절하게 유지하고, 방수의 생산과 배출 기능을 갖고 있다.

(4) 망막

망막은 사진기의 필름의 역할을 한다. 보고자 하는 물체의 상이 이곳에 맺히며 이것을 분석 하여 뇌로 전달한다. 안구의 바깥쪽에서부터 안쪽으로 10층으로 복잡하게 구성되어 있다. 망막에는 시세포가 분포되어 있어 광선을 감각하는데, 원추세포와 막대세포의 두 가지 시세포를 가진다. 원추세포는 망막의 중심부에 밀집되어 있고 비교적 밝은 빛에 작용하여 물체의 색상과 형태를 선명하게 감지할 수 있으며, 막대세포는 어두운 곳에서 작용하며 물체의 형태만을 어렴풋이 감지하는데, 녹색의 단일 파장에서 가장 민감하다.

(5) 수정체

수정체는 양면이 볼록한 볼록렌즈 모양의 투명한 구조로서 두께는 4㎜, 직경은 9㎜정도이다. 이것은 홍채 뒤에서 모양소대에 의해 매달려 있고 앞쪽에는 방수가, 뒤쪽에는 초자체가 있다. 수정체의 기능은 각막과 함께 빛을 모으는 눈의 주된 굴절기관이며, 탄력성이 있어 모양체 근육의 수축/이완으로 굴절력을 변화(16D~28D)시켜 망막 상에 초점을 맞춰 물체를 선명하게 볼 수 있게 한다. 중심부에서부터 주변부에 걸쳐서 비선형적인 굴절 율을 가지며 단일 렌즈로 색수차가 적은 구조로 되어 있다.

(5) 유리체

수정체 뒤에 있는 젤리상의 물질로 안구의 3/5를 차지한다. 망막에 광선을 통과시키고 눈의 모양을 유지하며, 망막을 눈의 벽에 밀착시키는 작용을 한다.

2-2-2. 비시감도

빛의 강도를 느끼는 능력을 시감이라 하며, 그 방사 에너지에 대한 정도를 시감도라고 한다. 이것은 방사파장에 따라서 다르다. 시감도에는 개인차가 있으나 표준안에서의 최대시감도는 빛의 파장이 555 nm일 때 가장 밝게 느껴진다. 그러나 이보다 긴 파장이나 짧은 파장에 대해서는 밝기의 느낌이 약해지게 되고 [그림 1.2.4]와 같이 산모양의 곡선을 나타낸다. 이렇듯 555 nm의 방사에 대한 최대시감도를 1로 하고 각 파장별 감도를 비교한 것을 비시감도라고 한다. 일반적으로 시감도라고 할 경우를 명소시라 하고, 이때에는 파장 555 nm의 황록색 빛에서 감도가 가장 높고, 양 끝 부분의 파장들은 감도가 낮다. 이와는 달리 암시에는 파장 505 nm의 청록색 빛에서 감도가 가장 높다.

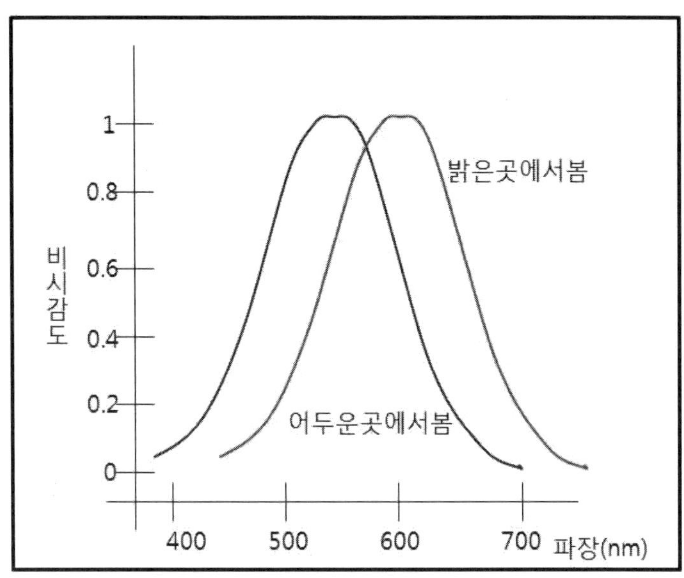

그림 1.2.4 시감 곡선과 비시감 곡선

2-2-3. 시야

정지하고 있는 눈에 보이는 범위의 넓이를 시야라고 한다. 따라서 물체를 볼 때, 시선방향에 있는 것은 가장 뚜렷하게 보이고, 주변에 있는 것이라도 불완전하지만 상의 존재를 알 수가 있게 된다. 이때, 전자를 중심시야, 후자를 주변시야라고 한다. 시야의 범위는 시선의 각도로 나타내며 정상인의 단안시야는 상 하방 약 50° ~70° , 좌 우방 약 100° 정도이다. 좌우의 단안시야의 합작을 양안시야라고 하고, 눈만을 움직여서 보는 범위를 주시야라고 한다. 단 안시에서는 주 시야각은 약 50° , 양 안시에는 약 44° 이다.

3. 빛과 제어

빛은 균일한 공기 중에서는 약 3.0×108 m/s의 속도로 직진하지만, 다른 매질을 만나면 그 경계에서 굴절, 반사 등 여러 가지 현상이 일어난다. 이는 유리나 물과 같이 투명하더라도 공기와 다른 물질 내에서는 속도가 달라지기 때문이다. 또한 매질을 진행하는 빛은 그 매질에 흡수된다. 조명기구에서는 적절한 광학장치(반사판, 프리즘 등)를 구비하고, 반사와 굴절 같은 현상들을 이용하여 램프에서 나오는 빛의 방향을 제어한다.

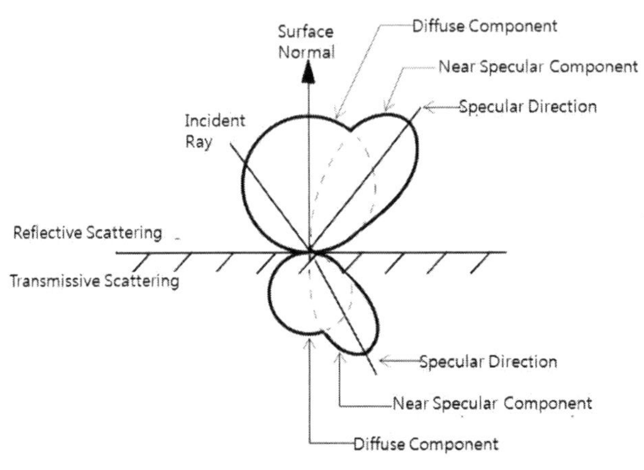

그림 1.3.1 경계면에서의 빛의 진행

3-1. 반사

빛이 서로 다른 매질의 경계면에서 일부 또는 전부가 원래의 매질로 되돌아 나오는 현상을 빛의 반사라고 한다. 이 때 입사각과 반사각은 같게 되며, 매질이 달라지지 않았으므로 빛의 속도와 파장도 일정하게 된다.

3-1-1. 반사광 특성

경계면에서 일어나는 반사에는 매질의 형태에 따라 여러 가지로 나타나게 된다. 거울과 같이 광택이 있는 매끄러운 면에서는 [그림 1.3.2]의 P_0 방향 만으로의 정반사(specular reflection)가 일어나며, 법선에 대하여 입사각과 반사각이 같고 입사광, 반사광, 법선이 한 평면에 존재하며, 반사면을 보면 광원의 상이 맺힌다. 정반사면은 빛의 진행방향을 크게 바꾸는 등 임의로 조절할 수 있으므로 배광을 조절하기 위하여 다양한 형태로 많이 사용된다. 반면 경계면이 극히 세밀하게 올록볼록한 무광택 면에서 반사광은 사방으로 퍼져나가며, 반사면을 보아도 광원의 상이 맺히지 않는다. 이러한 반사를 확산 반사(diffuse reflection)라고 하며, 특히 [그림 1.3.2]의 왼쪽과 같이 어느 방향에서 보아도 휘도가 같게 반사되어 $P_0 * \cos(\theta)$의 분포를 갖는 경우를 완전 확산 반사라고 한다. 완전 확산반사에서 광속 발산도는 반사면의 휘도에 원주율 π를 곱하여 얻을 수 있다. 실내 면을 구성하는 대부분의 재질은 확산반사 특성을 가지고 있는 것으로 본다. 또한 정반사면에 적절한 표면처리를 행하여 반사광을 약간 퍼지게 한 반사면이 조명에 이용되고 있다. 이러한 형태의 반사를 전개반사(spread reflection)라고 한고 하면 그림의 오른쪽과 같다. 전개반사면에는 광원의 상이 흐릿하게 맺히거나 밝은 부분이 번져서 보이게 된다. 전개반사면은 정반사면의 표면에 실크스크린 인쇄를 하여 만들기도 하고, 끝부분이 둥근 공구로 반사면을 일정한 압력으로 때려서 일정한 깊이와 반지름을 가진 요철부분을 만들어 줌으로써 그 퍼지는 각도를 조절하여 사용하기도 한다. 이외의 대부분의 반사면에서는 여러 가지 형태의 반사들이 혼합하여 나타나게 된다.

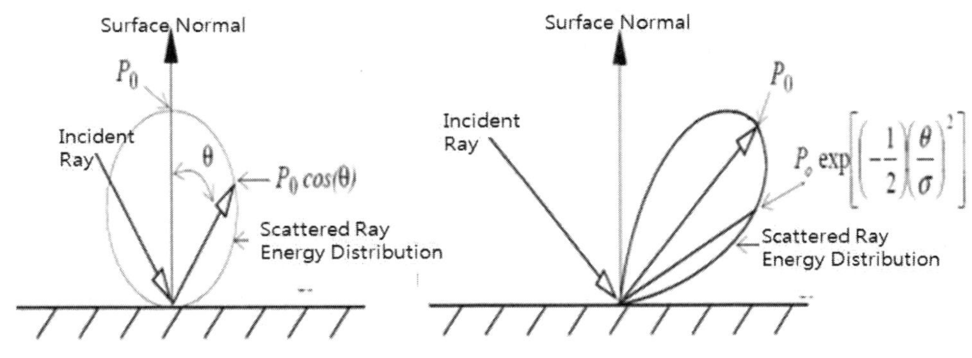

그림 1.3.2 반사광의 특성

2-1-2. 반사율 측정

특히 완전 확산 면은 모든 방향으로 동일한 휘도를 가진다고 앞에서 언급하였다. 따라서 이와 같은 면에서 광속 발산도는 조도에 비례하게 됨으로, 면에서의 반사율을 간이 측정하고자 한다면 다음 두 가지 방법으로 측정할 수 있다.

(1) 입사 반사광을 이용하는 방법

이 방법은 수성 도료가 도포되어 있는 면과 같이 확산 면이면서 반짝거리지 않는 면에 대하여 응용된다. 먼저, 조도계의 수 광부를 면에 대고서, 조도계의 눈금이 일정한 값을 지시할 때까지 수 광부를 5~8 cm 정도 앞으로 위치시키고, 특히 수 광 면에 그늘이 지지 않도록 주의한다. 이때 조도계는 반사량을 지시한다. 이 값을 면과 수 광부를 평행하게 위치시켜 읽은 값으로 나누게 뇌면 반사율이 된다. 예를 들어, 반사 값이 60이고 편향 값이 100이었다면 반사율은 0.6 또는 60%가 된다.

(2) 반사율을 알고 있는 시료와 비교하는 방법

이 방법은 확산반사면의 반사율 측정에서 앞의 방법보다 좀 더 정확한 측정을 기대할 수 있다. 반사율을 알고 있는 20x20 cm 이상의 시료를 측정하고자 하는 면에 부착한 다음, 반사되어 나오는 밝기를 측정한다. 이 두 가지 값으로부터 미지면의 반사율을 계산할 수 있다. 예를 들어, 반사율이 80%인 시료를 부착하였을 때 읽은 값이 50이고 미지 면에서 읽은 값이 40이었다면 반사율은 64%가 된다. 역시 이 측정방법에서도 그늘이지지 않도록 주의해야 하며, 시료는 깨끗하게 보존되어야 한다.

3-2. 굴절

비스듬하게 입사된 빛이 기존의 매질로부터 새로운 물질로 진행할 때, 매질의 밀도 차이에 의해 빛 좌우의 속도 차이가 생겨서 빛이 꺾이는 현상을 말한다. 즉, 하나의 매질로부터 다른 매질로 진입하는 빛이 그 경계면에서 나가는 방향을 바꾸는 현상으로 정의한다.

3-2-1. 굴절 법칙

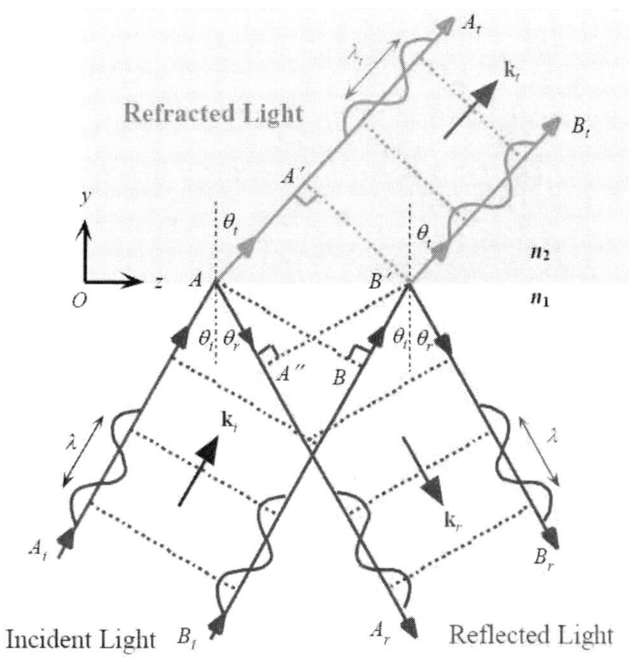

그림 1.3.3 굴절광의 특성

스넬의 법칙(Snell's law), 굴절의 법칙은 굴절에 관한 물리 법칙이다. 네덜란드의 수학자 빌러브로어트 스넬리우스(Willebrord Snellius)를 따라 이름 붙여졌다. 프랑스에서는 데카르트의 법칙(la loi de Descartes) 또는 스넬-데카르트의 법칙(la loi de Snell-Descartes)라고도 부른다. 굴절률이 n1과 n2서로 다른 두 매질이 맞닿아 있을 때 매질을 통과하는 빛의 경로는 매질마다 광속이 다르므로 휘게 되는데, 그 휜 정도를 빛의 입사 평면상에서 각도로 표시하면 θi과 θt가 된다. 이때 스넬의 법칙은 다음과 같이 정의된다.

$$n_1 \sin\theta_i = n_2 \sin\theta_t \text{ or } n_1(\theta_i - \frac{\theta_i^3}{3!} + \frac{\theta_i^5}{5!} - \cdots) = n_t(\theta_t - \frac{\theta_t^3}{3!} + \frac{\theta_t^5}{5!} - \cdots)$$

3-2-2. 가우스 광학

1차 광학을 가우스(Gauss) 광학이라고도 하는데, 이는 일찍이 가우스가 발전시킨 연유에서 비롯되었으며 기하광학의 첫 입문이며 전체 기하광학의 바탕이 된다. 또 다른 용어로는 선형기하광학이라고도 하는데, 입사각 및 굴절각이 작은 경우 스넬(Snell)의 굴절법칙 $n_1 \sin\theta_i = n_2 \sin\theta_t$에서 $\sin\theta_i \fallingdotseq \theta_i, \sin\theta_t \fallingdotseq \theta_t$으로 둘 수 있으므로, 스넬의 법칙이 $n_1\theta_i = n_2\theta_t$과 같은 선형방정식으로 표현될 수 있기 때문이다. 여기서 $\sin\theta_i \fallingdotseq \theta_i, \sin\theta_t \fallingdotseq \theta_t$는 광축 근방에서 굴절될 때에만 만족하므로 선형기하광학을 근축 기하광학이라고도 한다.

3-3. 투과와 흡수

빛의 투과란 반사와는 반대로 빛이 충돌하는 면을 뚫고 들어가서 진행하는 것을 말한다. 즉 종이나 금속의 반대쪽에서 빛을 쏘았을 경우 빛이 뒤쪽으로 뚫고 나오는 경우 투과하였다고 말한다. 이에 반해 빛의 흡수란 빛이 충돌하는 면의 결정구조나 일정한 분자 구조 등 내부의 모습에 대하여 빛의 파동에너지가 입자를 진동시키거나 움직이게 하여 입자의 탄성에너지나 운동에너지로 전환을 시켜서 결국 빛의 에너지는 충돌면의 입자의 에너지로 전환이 되는 경우 빛은 흡수 되었다고 말한다. 반사율에서의 정의와 같이 입사광속 P에 대하여 흡수되는 광속을 Pa, 투과되는 광속을 Pt라 하면, 흡수율 α와 투과율 τ는 각각 α=Pa/P, τ=Pt/P로 정의되며, Pr+Pa+Pt=P이므로 r+α+τ=1같은 관계가 성립된다. 또한 투과된 빛의 분포형태도 반사광과 마찬가지로 당초의 진행방향으로 그대로 진행하는 정 투과와 확산하여 진행하는 확산투과가 있다.

3-3-1. 투과율 측정

투과율을 측정하고자 하는 시료를 통하여 조도를 측정한다. 시료를 제거하고 조도를 측정하여 두 값의 비를 구한다. 예를 들어 시료를 사용한 경우의 조도계의 지시 값이 800 lx라고, 시료를 제거하고 조도를 측정한 값이 1,500 lx 라고 하면 시료의 투과율 τ=800/1, 500=53%로 계산되어진다.

제2절 광원 (Light Source)

1. 광원의 발달

인공조명의 최초의 형태는 선사시대에 인간들이 사용한 불이었으며, 모닥불인 불 붙은 나무는 아마도 가장 초기의 횃불 이었을 것이다. 중세에는 섬유를 꼬고 거기에 가연성 물질을 묻힌 횃불이 밤에 보행자들에 의해 사용되었고 특이하게는 반딧불이나 땅 반딧불이 사용되었다. 또한 딱정벌레류를 가두어 조명에 쓰기도 했으며 펭귄 같이 지방이 많은 동물의 시체에 심지를 꽂아 빛을 얻기도 했다. 이처럼 비전기적 및 전기적 조명기구는 아래와 같이 정리할 수 있다.

(1) 기름등잔(oil lamp)

알려진 선사시대 최초의 등잔은 무스티에 문화기로 소급된다. 그것은 1928년 프랑스의 르무스티에에서 발견되었으며, 움푹 팬 돌조각으로 매우 조잡하다. BC 8000~7000년의 테라코타 등잔은 메소포타미아 평원에서 발견되었으며 BC 2700년경의 이집트와 페르시아의 구리 및 동 등잔은 여러 번에 걸쳐 발견되었다. BC 100년경 로마인들은 위에 구멍이 뚫린, 처음으로 그럴 듯한 뿔 등잔을 개발했으며 식물성기름 등잔은 초기의 유대인, 그리스인, 로마인에 의해 사용되었다. 광유가 사용된 첫 번째 사례는 AD 50년경 대플리니우스에 의해 언급되었는데 그는 광유가 아드리아해 연안에서 사용되고 있다고 기록했다. 다양한 종류의 등잔이 14~17세기에 사용되었지만 별 다른 개선은 없었다.

1784년 스위스의 물리학자 에메 아르 강은 램프를 특허출원했는데, 그것은 둥근 화구와 관 모양의 심지 및 불꽃주위에 공기의 흐름을 조절한 등피를 구비했다. 그는 둥근 유리 등피가 불꽃의 깜박거림을 감소시킨다는 사실을 우연히 발견했는데 아르 강 버너는 당시까지 인공조명에서의 가장 큰 진보였다. 1800년 버트랜드 G. 카셀은 심지에 기름을 올리는 데 태엽 펌프를 추가했는데 이로써 빛의 지속성이 증가된 아르 강 버너는 촉광의 기준이 되었다. 19세기 후반에는 기름등잔에 많은 발전이 있어서 가정용으로는 좀 더 세련되어졌고 공업용으로는 더 효율적으로 진전되었다. 이때 개발된 등유 등잔은 20세기에도 농촌지역에서 폭넓게 사용되었다.

(2) 양초

양초의 사용은 기원 초부터 시작되었으며 양초제조는 인간의 가장 오래된 산업의 하나였다. 아프리카에서는 기름이 많은 나무열매를 진흙쟁반위에 태워 빛을 얻었으며 후에는 나뭇가지에 매달아 사용했다. AD 100년 그리스와 로마인들은 아마

실에 밀랍이나 송진을 묻힌 양초를 사용했는데, 밀랍양초를 최초로 사용한 사람들은 400년경의 페니키아인이었다. 석유가 발견되기 이전 16~18세기에 일반 대중들의 유일한 조명방법은 양초였다. 양초의 사용은 이전의 역사를 통해 종교의식 및 관습과 밀접하게 관련을 맺어왔다. 초기의 양초는 우지에 담근 골풀의 심이었고 후에는 우지나 밀랍에 나무 조각을 담갔다 사용했다. 16세기에 집에서 만든 양초는 우지를 사용했는데 18세기의 포경산업은 여기에 경랍을 도입했다. 경랍 양초는 밝고 지속적인 불꽃으로 인공조명을 측정하는 기준이 되었는데 '1촉광'이란 1/6lb의 순수 경랍 양초가 시간당 120g의 속도로 연소할 때 내는 빛을 가리킨다. 1823년 스테아린(stearine)이 분리되고 1850년대에 파라핀이 개발되자 양초의 재료는 크게 개선되었다.

(3) 가스등

천연 가스가 중국인에 의해 조명원료로 사용된 것은 지금으로부터 수세기 전으로, 쓰촨 지방에서는 지하 450~490m의 가스를 대나무관으로 뽑아 올린 다음 암염갱과 가정을 밝혔다. 1784년 J. P. 멩켈러는 처음으로 조명에 가스를 이용했고, 같은 시기에 파리의 P. 르봉은 가정용으로 쓰기 위해 실험을 통해 여러 가지 재료에서 가스를 증류하려 시도했으며, 1799년 나무에서 증류한 가스를 이용해 '열등잔'(thermolampe)을 특허출원했다. 19세기에는 석탄 가스를 추출하고 이를 도시의 모든 빌딩에 배급하는 방법이 도입됨으로써 인공조명의 발전에 커다란 전환점을 마련했다. 석탄 가스 조명을 처음으로 개발한 사람은 스코틀랜드 출신의 기사 윌리엄 머독으로 그는 폭발의 위험을 알면서도 가스를 이용해 자신의 집을 밝히는 실험을 실행했다. 폭발은 일어나지 않았고 그는 몇 년 후 런던에 가스등을 설치하는 일을 위임받았다. 그에 의해 1820년 폴몰가에 설치된 가스등은 현존하는 가장 오래된 가로등의 하나이다. 오래 지속되고 백열까지 반복 가열될 수 있는 최적의 재료를 찾으려는 노력은 계속되어 1880년대에는 웰즈바흐등(Welsbach mantle)이 개발되었는데, 이것은 구형이나 원통형 또는 선형의 면으로 된 망과 산화세륨 및 산화나트륨을 함유하는 맨틀로 구성되어 있다. 웰즈바흐등의 개발로 석탄이나 천연 가스가 공급되는 곳은 어디에서나 가스조명이 실시되었다.

(4) 전기등

현대의 조명은 1870년경에 발명된 백열전등에서 시작된다. 백열등이 전기를 이용한 최초의 등은 아니었다. 탄소막대 사이에 전호를 부딪쳐 빛을 내는 조명기구가 이미 개발되어 쓰이고 있었다. 아크등은 부피가 크고 설치 장비가 복잡하지만 효율이 높고 태양광에 가까운 연색성이 우수해 런던 등지에서는 현대의 조명기구가 널리 쓰인 후에도 아직까지 사용되고 있다. 영국의 조지프 스완 경이 최초로 탄소필라멘트등을 만든 것은 사실이지만 참다운 전등의 발명은 미국의 토머스 에디슨에 의해 이루어졌다. 최초의 백열등은 밀폐된 유리전구 내의 탄소선으로 된 필라멘트와 전구 밖으로 나와 전원에 연결된 2가닥의 선으로 구성되어 있었다. 1879년 에디슨의 회사는 뉴저지의 멘로 공원에서 역사적 전기조명을 실험했고 그 성공으로 발전소 · 전선망 · 전구 등에 대한 계약을 제의받았다. 에디슨은 일련방식의 설치가 아닌 평행방식체제를 채용해 전구 하나가 나가더라도 다른 시설물에 영향이 없도록 했는데, 현재 쓰이는 조명의 배분조직도 이것을 좀 더 정교하게 한 것에 불과하다. 에디슨 이후에는 텅스텐 필라맨트가 개발되어 커다란 전기를 마련했다. 그 후 코일 필라멘트와 코일화 된 코일 필라멘트(coiled-coil filament)가 계속 개발되었고 전구의 시간은 약 1,000시간으로 업자들에 의해 한정되었다. 최근에는 텅스텐 할로겐 필라멘트등이 도입되어 자동차의 헤드램프와 최소의 전구에서 최대의 빛을 얻으려는 전기기구에서 사용되고 있다.

(5) 증기관 장치(vapor-tube device)

19세기 후반 영국의 윌리엄 크룩스 같은 물리학자들은 소량의 원소증기가 들어간 밀폐된 관 안에서 두 전극 사이에 전호를 부딪쳐 빛을 발생하는 실험에 열중했는데, 파리의 물리학자 조르주 클로드는 네온 가스를 채워 넣은 관을 개발했다. 관의 어느 쪽에서건 두 전극에 고전압을 가하면 장식과 광고용으로 사용될 수 있는 붉은 빛이 발산되었다. 네온을 제외한 다른 증기로도 실험이 계속되어(특히 푸른색을 내는 수은증기) 다양한 색깔이 가능하게 되었다. 그러나 방전관(discharge tube은 실내에 별로 적용되지 못하다가 1930년대에 형광관(fluorescent tube)이 개발되자 실내조명에 실용화되었다. 형광관이 쓰이기 얼마 전에 고압 수은증기방전등과 나트륨방전등이 개발되었으나 연색성이 좋지 못해 실내조명에 별로 이용되지 못하다가 실외조명에 쓰이기 시작했는데, 그 보급이 무척 빨라서 약 20년 안에 나트륨방전등은 미국을 제외한 모든 주요도시의 거리에서 실외조명에 이용되었다. 20세기 중반에는 조명의 형식이 명확해져서 실내에는 필라멘트 전등과 형광등, 실외광고와 표지에는 네온등을 이용한 기구, 거리의 가로등에는 나트륨방전등이 사용되었다. 그 후 개발된 전등에는 태양광과 거의 같은 빛을 내는 제논방전등이 있으며, 미래의 조명으로 여겨졌으나 근래에 별 진전을 보지 못한 형광체의 전압 발광등(electroluminescent lamp)이 있다. 그밖에 외과 의사들이 육안에 의한 진단을 할 때 체내에 삽입될 수 있는 미세 필라멘트등(microscopic filament lamp)이 발명되었으며 광섬유도 의료와 기타 용도로 사용되고 있다. 또 고광 화학등(highly actinic lamp)은 사진, 컬러 텔레비전, 영화 등에 사용되고, 적외선등은 페인트의 건조에, 자외선등 및 적외선등은 치료용으로 사용된다.

2. 광원의 종류

광원의 종류는 발광원리에 따라서 [그림2.2.1]과 같이 분류 할 수 있다.

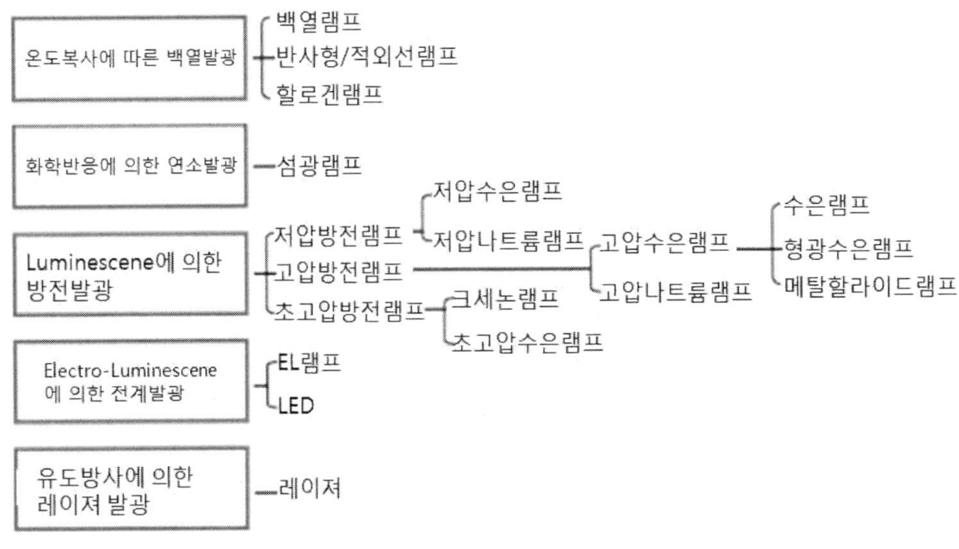

그림 2.2.1 광원의 발광 원리에 따른 분류

2-1. 백열전구

백열전구는 필라멘트에 전류를 흘려 높은 온도로 가열시켜 열방사를 이용한 광원으로서, 에디슨이 1879년에 진공 탄소필라멘트 전구를 실용화시킬 당시 발광효율이 1.4[lm/W], 수명은 40시간에 불과했으나, 1908년 쿨리지에 의한 텅스텐 인선방법 개발, 1910년 직선 텅스텐 필라멘트를 코일링 하고 가스를 봉입한 가스든 전구의 개발에 의해 10[lm/W]에 도달한 이후 이중 코일링 화, 할로겐전구의 등장 등 여러 가지로 개량되어 오고 있으나, 에너지 효율이 낮은 단점 때문에 최근 일반 조명 분야에서는 전구형 및 콤팩트 형광램프로 일부 대체되고 있다. 백열전구는 그 원리 및 구조에 따라 아래 두 가지 형태로 구분된다.

(1) 일반 백열전구(텅스텐 전구)

필라멘트로는 융점이 높고 증기압이 낮으며 복사효율이 좋은 재료를 사용하는데, 현재 텅스텐 선을 이중으로 코일로 감은 이중코일 형이 많이 사용되고 있다. 유리구는 투명인 것을 사용하거나 투광성이 좋은 백색 도장 막(실리카)이 도포된 것을 사용한다. 유리의 재질은 연질의 소다석회유리를 사용하거나 고출력 및 옥외용에는 경질의 붕규산 유리를 사용한다. 점등 중에는 텅스텐의 증발에 따른 흑화가 진행되므로 증발을 억제하기 위해 20-30[W] 이하의 소 출력의 경우를 제외하고는 아르곤, 크립톤과 같은 불활성 기체를 봉입하고 있다.

(2) 할로겐전구

일반 텅스텐 전구는 점등 중에 필라멘트 표면으로부터 텅스텐 원자가 증발하여 유리구 내벽에 부착하는 흑화현상을 일으킴으로써 빛의 투과를 감소시킨다. 할로겐구는 유리 구안에 불활성 기체 외에 요오드, 브롬, 염소 등의 할로겐 화합물을 미량 봉입한 것인데, 할로겐은 낮은 온도에서 텅스텐과 결합하고 높은 온도에서는 분해되는 성질이 있다. 이와 같은 성질에 기초한 할로겐 사이클에 따라 증발된 텅스텐을 필라멘트로 되돌리는 작용을 이용하여 유리구의 흑화를 줄이는 한편 필라멘트가 가늘어지는 것을 방지하여 광속이나 색온도 저하를 적게 하고 수명도 연장시킨 것이다. 흑화가 적으므로 유리구가 적어도 되며 체적이 일반 텅스텐 전구에 비하여 1/10 정도로 작아도 충분하다. 유리구 관 벽의 온도는 텅스텐 할로겐 화합물이 부착되지 않도록 250~850[℃]로 설계되므로 유리구는 종래의 전구보다 소형으로 하여 관 벽 부하를 높게 한다. 이 때문에 고온에 견딜 수 있는 석영유리가 주로 사용되지만 경질유리가 사용되기도 한다.

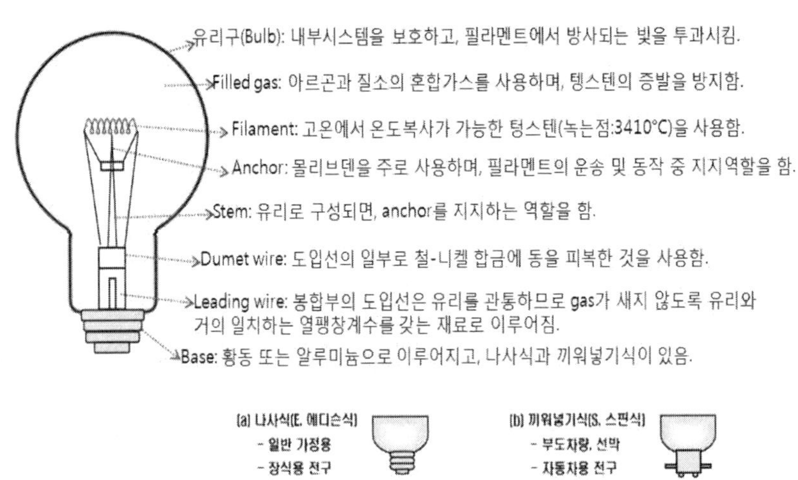

그림 2.2.2 백열전구의 구조 및 특징

전구에 투입되는 전력은 그 일부가 유리구나 베이스에 흡수되거나, 봉입기체나 열전도 등으로 소비된 나머지가 복사의 형태로 방출된다. 이 복사에너지에는 가시광선 및 적외선 복사가 포함되어 있으며, 이 중 대부분이 열선인 적외선 복사가 차지한다. 램프 효율 및 수명은 필라멘트 등의 설계에 따라 결정되는데, 이 둘 사이에는 필라멘트 온도가 높아질수록 효율은 높아지나 수명은 짧아지는 반비례의 관계가 있다. 일반 조명용 전구의 효율은 100[W] 전구의 경우 15.2[lm/W], 정격수명 1,000시간이다. 볼 전구의 경우에는 효율을 약간 낮추되 정격수명을 2,000시간으로 하고 있다. 그러나 할로겐전구는 효율을 약 10~20% 높게 하는 것 외에도 정격수명을 1,500~2,000 시간으로 설계하고 있다. 수명은 필라멘트 온도가 높아지는 것 외에도 점멸이 잦으면 초기돌입전류의 영향으로 짧아지게 된다. 점멸조건에 따라 다르지만 수초의 점멸 사이클에서는 연속 점등하는 경우에 비해 수명이 약 1/2로 짧아진다. 한편 광속유지율은 일반적으로 양호하고, 할로겐전구의 경우는 할로겐 사이클에 의해 더욱 우수하게 된다. 일반조명용 전구의 색온도는 약 2,850[K] 정도인데 비해, 할로겐전구는 2,900[K] 이상으로 설계되므로 광색은 보다 좋아진다.

분광분포는 연속 스펙트럼이므로 연색성이 극히 우수하며, 특히 인간의 피부색을 잘 나타낼 수 있다.

2-2. 형광 램프

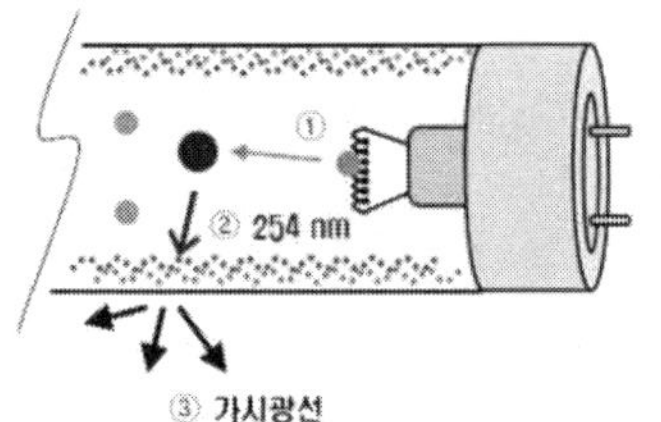

1. 전극에서 열전자 방출: 전류를 인가하면 음극에서 다량의 열전자가 방출되어 양극으로 이동하면서 방전됨.
2. 수은전자에서 자외선 방출: 열전자에 의해 들뜬 수은전자는 자외선(254nm)을 방출하고, 이는 형광체를 활성하는 source임.
3. 가시광 방출: 254nm의 자외선에 활성화 상태가 된 형광체는 가시광을 방출함.
   -형광물질의 종류에 따라 다양한 빛을 나타냄

● 열전자
● 수은 입자
● 아르곤 입자
형광체

형광체	분자식	광색
텅스텐산 칼슘	$CA\,WO_4 : Sb$	청
텅스텐산 마그네슘	$Mg\,WO_4$	청백
규산 아연	$ZnSi\,O_3 : Mn$	녹
규산 카드뮴	$CdSi\,O_3 : Mn$	주황
붕산 카드뮴	$CdB_2\,O_5 : Mn$	분홍
할로린산 칼슘	$3\,Ca_3(PO_4)_4Ca_2(Cl_2F_2) : Sb, Mn$	황백

그림 2.2.3 형광 램프의 구조 및 특징

형광램프는 1938년 GE의 인만(Inman)에 의해 개발되어 지금까지 이르고 있으며, 옥내조명의 주 광원으로서 효율 및 연색성의 개선에 많은 노력이 이루어져 왔다. 그동안 백열전구에 비해 고효율, 장수명인 까닭에 일반 조명이외의 산업, 의료, 농수산 분야에도 널리 이용되어 왔다. 최근에는 에너지 절약과 소형화의 요구에 따라 전구형 및 컴팩트 형 램프가 개발되어, 전자는 백열전구 대체용으로, 후자는 형광램프의 길이를 1/3 이상 줄이는 데 공헌하고 있다. 이와 함께 3파장발광형 램프의 개발에 따라 소형경량화, 고효율화, 고연색화가 이루어지고 있다. 최근에는 종래의 직관이나 써크라인 등에 한하지 않고 U형, 전구형 등 여러 가지 형태가 용도에 따라 다양하게 실용화되고 있다. 또한, 전자식 안정기와 조합하여 고주파점등에 의해 시스템 종합효율이 100 [lm/W]까지 달성되고 있다.

형광램프는 저압수은증기 (약 10-2 Torr) 중의 방전으로부터 발생하는 강력한 자외선(253.7nm)을 유리관의 내벽에 칠한 각종 형광체에 조사하여 가시 광으로 변환하는 광원이며 형광체의 종류에 따라 여러 가지의 광색을 나타낸다. 유리관 내에는 소량의 수은과 기동을 쉽게 하고 음극물질의 증발을 억제하기 위하여 아르곤이 수 Torr 봉입되어 있다. 필라멘트는 2중 또는 3중 코일 필라멘트이고, 그 위에 고온 시에 전자를 방출하기 쉬운 Ba, Sr 등의 알칼리 토금속의 산화물인 음극물질이 칠해지고 있다. 형광램프의 발광은 필라멘트에 전류가 흐르면 필라멘트가 적열되고 음극 물질로부터 열전자가 방출된다. 이 전자가 양극으로 전계에 의하여 이동하면서 충분한 운동에너지를 얻어서 관내의 수은이나 아르곤의 기체원자에 충돌하여 이들 원자를 여기 시켜서 발광을 하거나, 전리시키면서 방전을 지속한다. 저압 수은 증기 중의 방전에서 발생하는 강력한 자외선(253.7nm)이 관 내벽에 칠한 형광체를 자극하여 파장이 긴 가시광선으로 변환한다. 형광체는 또한 자외선뿐만 아니고 시감도가 낮은 파장 (435.8nm, 546.1nm) 등을 시감도가 높은 것으로 변환시킴으로써 종합적으로 발광효율이 높아진다.

형광램프의 효율은, 종류, 소비전력(와트) 등에 따라 다르지만, 램프효율은 50~100[lm/W]로, 램프입력에 대한 가시광 변환 효율이 약 25%이다. 또한, 점등회로에 따라서도 변한다. 점등회로의 전력손실은 입력전력에 대하여 자기회로에서는 약 20%, 고주파점등 등의 전자회로에서는 약 10%이다. 형광램프의 수명은 점등되지 않거나, 광속이 규정치(초기치의 70%, 고 연색 형은 60%)로 낮아질 때까지의 시간 중 짧은 쪽을 말한다. 정격수명이란 규정된 점등조건, 점등회로를 사용하여, 1회의 점등시간을 3시간, 그 사이의 소등시간을 10분으로 하여 반복 점등한 경우에 다수의 램프의 수명시간을 평균한 값에 기초하여 공표하는 것으로 되이 있다. 집등, 소등을 빈번하게 반복하면 에미터가 비산하게 되어, 램프의 수명이 현저하게 낮아진다. 역으로 점멸되면 길어진다. 점등에 수반하여 램프의 내부에 도포된 형광물질이 자외 방사 및 온도 등에 따라서 열화 되므로 광속은 서서히 낮아진다. 초기치는 100시간 점등시의 광속으로 한다. 점등시간과 함께, 유리관 양단의 전극부근이 흑화 또는 형광막이 변색된다. 유리관 양단의 전극부근에 스포트 상으로 검게 되는 흑화(애노드 스포트)는 장시간 점등된 램프에 일어나고 수명 말기에 가까워진 것이다. 엔드밴드는 구금으로부터 수 [cm] 위치에서 중앙부에 걸쳐서 발생되며, 흑갈색 고리상의 흑화현상으로서, 장시간 점등 후에 발생하는 것이다. 수명, 밝기에 영향은 거의 없다. 유리관 내벽에 도전피막을 설치한 래피드스타트 형 램프의 경우, 점등함에 따라 중앙부분에 황색으로 변색되고 반점상의 것이 발생하는 것이 있다. 중앙부의 아래 측 및 냉풍이 닿는 곳에 발생한다. 내면도전피막과 형광 막의 사이에 보호막을 설치하거나 수은을 정량 봉입함에 따라 이들 변색은 줄어든다. 형광램프를 교류에서 점등하면, 반 싸이클마다 광속이 변화한다. 따라서 전원주파수가 60[Hz]인 경우는 1초간에 120회의 광속이 변한다. 일반 조명에서 육안으로는 거의 느낄 수 없으나, 고속 운동하고 있는 물체를 조사하면 스트로보 현상이 나타난다. 플리커 없는 점등회로나 고조파회로에서 점등하면 어른거림을 아주 적게 할 수 있다. 또한, 전원전압 파형이 찌그러지거나, 전원전압이 낮거나, 주변온도가 낮은 경우는 방전이 불안정하게 되어 어른거림이 발생하는 수가 있다.

2-3. 고휘도 방전램프

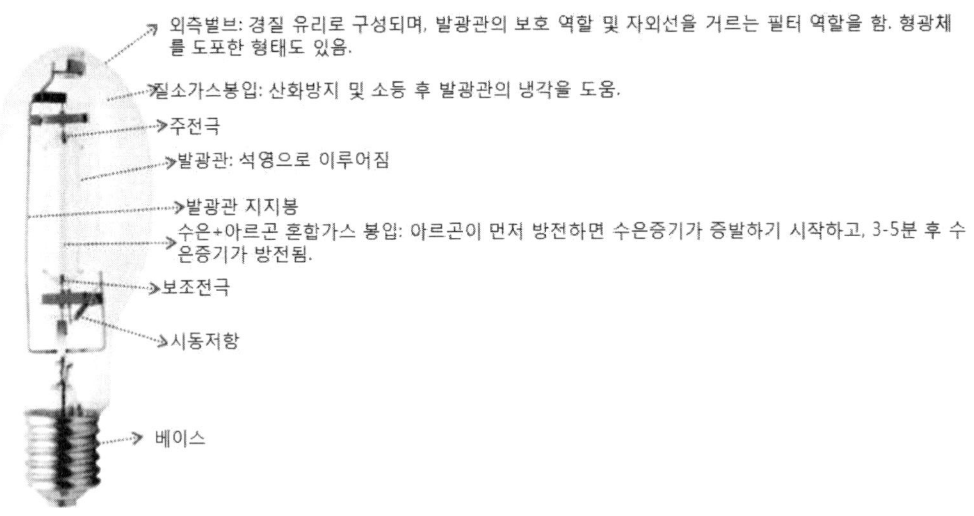

그림 2.2.4 고 휘도 방전 램프의 구조 및 특징

고휘도 방전램프(high intensity discharge lamp:HID 램프)는 고압가스, 증기 중의 방전에 의한 발광을 이용한 방전 램프이며 고압 수은램프, 메탈핼라이드 램프 및 고압 나트륨램프 등의 총칭이고 간략하게 HID램프라고도 하며 발광 관의 관변 부하가 3W/㎠이상의 것이다.

(1) 고압 나트륨램프

고온의 알칼리 증기에도 침식되지 않고 투광성이 있는 고밀도 다결정의 산화알루미늄의 개발로 나트륨램프의 제작이 가능하게 되었고, 일반조명용 광원 중 최고의 효율(140lm/W)을 갖고 있다. 고압나트륨램프 (high pressure sodium lamp)는 메탈핼라이드 램프와 비슷하다. 단지, 발광관은 700~800℃의 고 온도에서도 나트륨에 침식되지 않는 투광성 산화알루미늄 세라믹이나 다 결성 산화알루미늄으로 제조되고 있다. 발광관내에는 시동보조용의 제논 가스(2~3.3kPa)와 동작 시에 나트륨

증기압이 4~25kPa가 되도록 나트륨 수은 아말감이 과잉 봉입되어 있다. 외구는 경질유리로 만들어져 있고, 관내에 Ba 게터를 사용하여 고진공으로 하고, 주위온도의 영향을 피하도록 되어 있다. 램프에는 외구가 투명한 투명 형과 외구내면에 확산성막을 붙인 확산 형이 있다. 그리고 시동보조가스로 Ne-Ar 펜이가스를 봉입하고, 그 위에 시동 보조도체를 사용한 저전압 시동 형 램프도 시판되고 있다.

고압 나트륨램프는 400W 램프방사효율은 0,295이고, 광원의 효율도 120 lm/W이며, 다른 광원에 비하여 매우 높다. 나트륨D선(589.0 및 589,6nm)의 양측에 연속 스펙트럼의 발광이 퍼져 있다. 이 발광의 퍼짐은 증기압 및 관내지금과 더불어 증대하여 나트륨 원자 상호의 충돌에 의하여 공진 퍼짐에 의한 것으로 말하고 있다. 이와 같은 상태에서는 D선의 발광은 자기흡수에 의하여 감소하고 황백색이 된다. 수은도 봉입되어 있으나, 그의 여기전압은 나트륨에 비하여 높으므로 직접발광에는 기여하지 않지만 분광분포는 수은증기압으로 좌우된다. 램프의 연색성은 색온도 2000-2100k에서 평균 연색 평가 수 Ra는 15-30으로 형광 수은 램프에는 뒤 떨어지지만 최근 60 이상의 것도 있다. 평균 수명은 고압 수은 램프 정도로 12000시간 이며, 옥외 조명이나 공장, 체육관 등의 조명에 적당하다. 단지, 이 램프는 전원 전압이나 주위온도 등의 환경 조건에서 램프 전압이 어느 정도 변화 하는 특성이 있으므로 기구의 선정에는 주의가 필요하다.

(2) 고압 수은램프

고압 수은램프 (high pressure mercury lamp)는 0.2~1MPa의 압력의 수은 증기중의 방전에 의한 발광을 이용한 것으로 형광체의 사용으로 연색성과 효율이 대폭 개선되어 도로 조명, 공장 조명, 스포츠조명 등 일반조명 용으로 널리 사용되고 있다. 수은의 증기압은 상온에서는 10-3Torr로 낮다. 그러나 정상 상태에서는 온도 상승으로 봉입된 수온이 전부 증발하여 0.2~MPa의 압력에 도달한다. 발광 관은 내열성과 내압성이 우수한 석영 유리로 만들고, 관내에 적량의 수은과 기동을 쉽게 (페닝효과로)하고, 전극을 보호하기 위하여 2.6kPa 정도의 아르곤이 봉입되어 있다. 전극은 보통, 관내양단에 전자방출물질(알칼리 토금속화합물)이 충전된 텅스텐 코일 주전극과 기동용의 보조 전극으로 되어 있다. 발광관을 싸고 있는 외관은 보온, 자외선 차단 등의 역할을 하고, 점등 시에는 대기압과 같은 정도가 되도록 N_2가 보통 반 기압 정도 봉입되어 있다. 고압 수은램프에는 투명 형과 외관 내에 형광체가 칠해진 형광수은램프가 많이 쓰이고 있다. 형광 수은램프용의 형광물질은 250~350℃의 고온에 견디고 주로 365nm의 근자외선의 여기에 의하여 부족 되고 있는 적색발광을 보완하는 것으로 회토류 형광체 (예를 들어 YVO4 ; Eu)가 주로 사용된다.

수은 증기방전에서는 전극이나 발광관을 가열하는 방법이 주로 쓰이고 있다. 고압 수은램프는 소등직후는 수은증기압이 높으므로 시동이 곤란하다. 발광관이 냉각하여 재 점등까지의 시간을 재시동시간이라고 하며 KS에서는 10분 이내로 규정하고 있다. 광속, 관 전압, 전류, 전력 등의 램프 특성은 주위 온도에 의하여 변화하지만 형광램프에 비하여 변화가 극히 적어서 특히 옥외 사용에 적당하다. 그리고 고압 수은램프의 수명은 10,000시간 이상으로 매우 길며, 광속 저하나 시동의 곤란 등에 의하여 결정된다. 이것은 주로 전극 소모에 기인되며, 전자방출 물질이 소모되며 급속히 흑화되고, 시동 전압도 높아져서 결국 시동이 되지 않지만, 현재로는 동정이 안정된 램프이다. 효율은 30~55 lm/W로 투명형보다 형광형이 높고, Ra도 투명형 25, 형광형 45이다.

(3) 메탈핼라이드램프

메탈핼라이드램프(metal halide lamp)는 고압 수은램프에 변화시켜서 일반조명용 뿐만 아니라 복사용, 광화학용, 식물 육성 용, 어업용등으로 널리 이용되고 있는 광원이다. 고압 수은램프의 발광 관내에 금속 할로겐화물을 봉입한 램프가 메탈 핼라이드 램프이며 금속원자에 의한 발광을 이용하여 효율과 연색성 등이 개선된 것이다.

구조는 고압 수은램프와 거의 같으나, 석용으로 된 발광관내에 시동용 아르곤과 램프전압, 발광관 온도를 조절하기 위한 수은과 여러 종류의 금속할로겐화물이 봉입되어 있다. 일반 조명용으로는 Na, Tl, In, Se, Th, Dy등의 할로겐화물이 조합되어 쓰이고 있으며 조화된 발광을 얻을 수 있도록 하고 있다. 발광관의 전극주변부는 보온 막을 칠하여 관 온도를 균일고온으로 되도록 하고 있다. 전극에 칠해진 전자방출물질은 할로겐과의 반응성으로부터 Th나 희토류 금속의 산화물이 쓰이고 있다.

보통 금속 할로겐화물은 수은보다도 증발하기 힘들므로 램프동작 중의 분압도 수은 증기압보다 낮고, 원자밀도도 적지만 수은 스펙트럼의 여기 레벨보다 낮은 여기 레벨을 갖는 금속이 선정되었기 때문에 방전에 의한 방사는 첨가 금속의 스펙트럼이 주이다. 점등 중 비교적 온도가 낮은 관 벽 부근의 금속 할로겐화물은 증발하여 고온, 고압의 수은아크 내로 들어가서 금속과 할로겐으로 분해된다. 분해된 금속은 아크 내에서 여기되어 발광한다. 아크부의 금속과 할로겐은 관 벽 부근에서 또다시 결합하여 금속 할로겐화물로 되며 이것을 반복하면서 발광한다. 전기입력에 대한 방사광의 에너지 배분은 고압 수은램프보다 매우 크다. 메탈핼라이드램프는 전극의 전자방사의 저하나 방전 방해성의 할로겐을 포함하므로 수은램프에 비하여 방전개시전압은 높아진다. 그러나 발광관 내에 시동보조가스로서 적당량의 페닝가스(Ne-Ar 또는 Ne-Kr)을 쓰고, 시동전극의 구조, 시동방법의 곤란으로 일반적으로 보급되고 있는 고압수은램프용 안정기로 점등할 수 있는 저전압시동용 메탈 핼라이드 램프도 시판되고 있다. 메탈핼라이드램프의 시동시간은 수은램프의 경우와 거의 같지만, 재시동 시간은 일반적으로 약간 길다. 수명은 고압 수은램프에 비하여 관변온도가 높게 되어 있는 등으로 약간 짧고, 동정특성도 다소 뒤떨어지며, 전원전압의 변동에 의한 램프특성의 변화도 크고, 광색도 변화한다. 효율은 일반적으로 70~80lm/W이고, Ra는 80~90으로 고연색성이다.

2-4. 고체 전계 발광

전 세계적으로 에너지절약에 대한 경각심이 고조되고 전기, 가스와 같은 고급 에너지에 대한 수요가 폭발적으로 증가하게 되면서 새로운 조명기술에 대한 관심이 증폭되었다. 이런 상황에서 반도체 발광소자(LED; light emitting diode)를 이용한 반도체 광원의 개발이 시작되었다. LED는 [그림 2.2.5]에서 보는 바와 같이 p-n접합된 반도체 칩에 전압을 인가하여 전기에너지를 광 에너지로 전환하여 빛을 방출하는 반도체 발광 소자를 말한다.

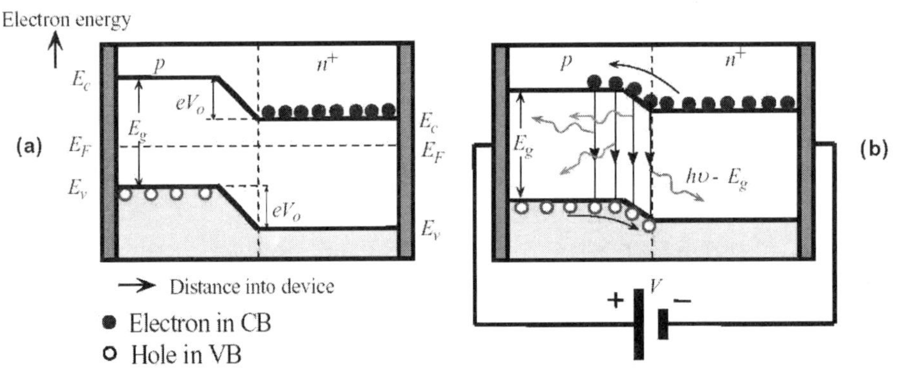

그림 2.2.5 LED 소자의 구조 및 발광원리

특히 절전제품에 대한 관심이 높아지고 있는 추세에서 전력 소비량이 낮고 광변환 효율이 높은 LED는 기존의 백열등과 형광등을 대체할 수 있는 차세대 광원이다. LED 조명은 현재 조명과 비교하면 소비 전력이 1/10이며, 수명이 기존의 전구에 비해 10배 이상 길다. 이것을 경제적 효율성의 측면에서 환산해 본다면 우리

나라 전체 조명 중에 LED로 20% 정도만 교체해도 전기 에너지 절감액은 연간 1 조원의 절감 효과가 있다. 또한 우리나라는 EU협약이 발효됨에 따라 "2006년 7월부터 납, 수은, 카드뮴, 6가 크롬, 폴리브로미네이티드 비페닐(PBB)이나, 폴리브로미네이티드 디페닐 에테르(PBDE)를 포함하지 않는 전기 및 전자 제품을 출고해야 한다."는 협약 조항을 준수해야만 한다. 따라서 형광등은 수은이 함유되어 있기 때문에 조명으로 계속 이용할 수 없는 것이 현실이다. 백색 LED 조명은 에너지 소비절감을 통해 CO_2 배출량과 수은 및 폐기물이 감소되는 장점이 있기 때문에 국제 협약 준수 측면이나 환경 보호 차원에서 현실적으로 대안이 될 수 있는 필수적인 조명이다. 조명에 대한 최근의 연구는 단순히 밝기만을 요구하는 것이 아니라 적절한 밝기의 분포, 눈부심, 그림자, 연색성 등을 포함한 보임의 조건과 심리적 효과를 고려하여 종합적으로 평가되어야 한다. 종래의 명시성에서 공간의 용도나 재실자의 행위가 고려된 쾌적성을 추구하고 있다. 빛에 의한 시각적 연출은 공간 자체의 물리적 변화 없이 공간의 결점을 수정 보완해 주기도 하며, 쾌감과 관계되는 심리적 효과로 나타난다. 조명 계획의 궁극적인 목적은 그 공간 주체인 인간에게 기능적, 심리적으로 쾌적한 조명 환경을 제공하는 것이기 때문이다. 따라서 미래 조명을 위한 조명 환경은 인간에게 쾌적성을 보장함과 동시에 고도의 기능성을 갖춘 LED 조명 환경을 구축하는 것이다. LED 조명 환경을 구축하기 위해서는 LED 조명이 가지는 광학적 특성을 분석하고 그 특성에 따라 반응하는 사람들의 감성 특성을 체계적으로 분석 · 규명하는 연구가 절실히 필요하다.

2-4-1. LED 광원의 특성 및 장점

(1) 기존광원과의 비교

표 2.2.1은 LED와 기존광원의 비교를, 주로 광학특성에 대해서 나타낸 것이다.

표 2.2.1 LED램프와 기존 광원의 비교

특성항목	LED램프	백열전구	형광램프	HID램프
전 광속	60~80lm (입력1~2W)	800lm (60W)	3,100lm (40W)	40,000lm (400W)
발광효율	60~80lm/W	17lm/W	68~84lm/W	100lm/W
에너지변환율 (가시광)	15~40%	8~14%	25%	20~40%
색온도	4,600~15,000K	2,400~3,000K	4,200~6,500K	3,800~6,000K
연색성	72	100	61~74	65~70
수명	보통 수만시간, 대출력 2만시간	1,000시간	12,000시간	12,000시간
발열	열손실 80~90%	열손실+적외방사 90%	열손실+적외방사 75%	열손실+적외방사 80%
응답성	100나노초 이하	0.15초~0.25초	1~2초	나쁨 (수분이 걸림)
지향성	렌즈부착형은 지향성 있음	반사판 부착은 지향성 있음	반사판 부착은 지향성 있음	반사판 부착은 지향성 있음
전류-광출력 (광출력α 전류의 n승)	비례관계(약간포화) n은 1보다 약간적음	n=6정도	비례관계 n은 1보다 약간작음	비례관계 n은 1보다 약간큼
온도-광출력	온도의존성 적음	온도의존성 적음	온도의존성 큼	온도의존성 적음

LED는 청색 LED와 황색 발광 형광체를 조합시킨 소위 2색 발광의 백색 LED를 기준으로 하고 있다. 또한 기존 광원으로는 백열전구, 형광램프, HID램프 (고휘도 방전 램프)를 들 수 있다. 특히 형광램프는 보통 일자형, HID램프는 메탈핼라이드램프를 대상으로 했다. 이 표를 바탕으로 LED광원의 장점과 과제를 서술하겠다.

(2) LED광원의 장점

① 고 신뢰성 · 장 수명

소자 그 자체 수명은 반영구적이며, 램프로서의 수명은 주로 조립재료나 패키징 재료의 열화에 의해서 좌우된다. 보통 램프에서는 수명이 수만 시간으로, 백열전구의 수십 배, 형광램프나 HID의 수배의 수명이다. 최근 개발되고 있는 대 출력 LED에서는 발열 문제가 있어 보통 LED 램프 보다는 수명이 짧지만, 그래도 2만 시간의 신뢰성이 있으며 기존 광원보다는 훨씬 장수명이다.

② 고 발광효율

발광효율은 백열전구 보다는 높지만, 형광램프나 HID램프와 비교해서는 아직 낮은 것이 현실이다. 현재 실용화되고 있는 수준은 60 ~ 80lm/W로 백열전구의 4~6배, 형광램프나 HID램프의 약 1/2~3/4정도이다. 따라서 전력절감을 도모한다는 의미에서는 백열전구를 대신해 LED를 이용하는 것이 매우 효과적이라고 할 수 있다.

최근 기술개발에서는 발광효율은 빠른 속도로 증가해, 현재 대 출력 제품에서도 100lm/W 제품이 나오고 있으며, 실험실 수준에서도 최대 150lm/W 제품도 나오고 있는 실정이다. 이에 발광효율 면에서도 형광램프나 HID램프를 추월할 것으로 기대하고 있다.

③ 저 발열량

가시광 영역의 에너지 변환 율에서는 LED는 15~40%이며, 백열전구와 거의 비슷하든가 약간 높은 수준이다. 이에 반해 형광램프나 HID 램프는 20% 이상으로 LED보다 높다. 전 입력 전력 중 가시광 영역 방사 이외의 부분은 적외 영역의 방사 (발열)나 직접 열로 변환된다. 따라서 발열이라는 의미에서는 LED는 백열전구 보다는 발열이 적은 것이 장점이다.

④ 고속 응답성

LED는 반도체의 전자-정공 재결합에 의한 직접적인 발광현상을 이용하기 때문에 발광의 응답시간은 매우 짧아 100나노 초 이하 수준이다. 실제 응답속도는 구동회로 등에 따라 제약을 받는다.

한편 백열전구는 전류를 흘린 후 발광강도가 소정의 값이 되는데 0.15~0.25초나 걸려 매우 느리다. 따라서 순간의 반응이 필요한 자동차용 스톱램프 등에는 LED의 고속 응답성이 적합하다. 형광램프나 HID램프는 방전현상을 이용하기 때문에 방전개시나 방전 안정화를 위해 여러 가지 부가회로를 이용하고 있으며, 그 때문에 응답시간은 LED와 비교해 늦다고 생각된다.

⑤ 내충격성

광학특성 이외에는 기존광원이 모두 유리관을 이용해 진동이나 충격에 약하다는 약점이 있는데 반해, LED는 유리관을 전혀 사용하지 않아 진동이나 충격에 강하다는 장점이 있다. 따라서 차량, 전차 등의 이동체, 진동이 심한 제조기계, 작업환경이 거친 공장 등, 그 장점을 살린 응용분야에서 기대를 받고 있다.

⑥ 소형 · 경량

LED는 반도체 재료로 만들어진 고체광원으로 소형 · 경량이며 그 때문에 디자인성이 뛰어나다. 따라서 기존 광원으로는 실현이 곤란한 좁은 공간에서의 편입이나 여러 가지 모양의 조명설계가 가능해져, 예전에는 기존 광원의 크기나 중량에 제한을 받을 수밖에 없었던 기기, 설비, 차량 등의 디자인에 대해서도 보다 자유도가 증가했다는 효과가 있다.

⑦ 환경성

LED는 형광램프에 있어서 수은 등과 같은 유해물질을 사용하지 않기 때문에 환경보전에 효과가 있다. 적색 LED 등에서 GaAs 기판을 사용한 것이 있어,

환경성 문제가 지적받고 있지만, 최근에는 GaAs 재료 등을 사용하지 않는 대체기술 개발도 진행되고 있어, 환경적으로 한층 개선되있다.

(3) LED 광원의 과제

① 발광강도 (전광속)가 낮다

LED는 수백 마이크론각의 반도체로 칩에 흘리는 전류는 수 십 ㎃이다. 그때 전압은 3V이다. 따라서 전력은 약 100㎽(0.1W)로 매우 낮아, 그 때문에 발광효율이 높더라도 발광강도는 그다지 높지 않다. 즉, 입력전력이 기존 광원과 비교해 낮기 때문에 발광강도가 약한 것이다. 최근에는 대 전류를 흘리도록 칩을 대형화한다든지, 복수개의 칩을 기판에 나열해, 대전류를 흘리는 수 W급 전력으로 구동할 수 있는 LED광원도 개발되고 있다. 미래에는 다수의 칩을 탑재한 광원의 설계, 방열설계나 광 추출 기술의 개발로 기존 광원에 필적하는 발광강도의 LED광원이 개발될 것으로 기대된다.

② 연색성 등의 개선

LED는 기존 광원과 비교해 연색성 등이 나빠 아직 개선하지 않으면 안 된다. LED 조명의 용도를 확대하기 위해 연색성, 색온도 등의 개선이 필요하다. 그러나 연색성과 색온도의 개선은 효율의 감소로 이어지게 된다. 이 부분이 가장 큰 문제이기도 하다. 연색성을 개선하기 위해 효율을 희생한다는 것은 결국 밝기의 감소라는 문제로 이어지게 되고, 밝기를 확보하기 위해 소비전력을 늘리게 되고, 이는 LED를 사용하는 중요한 이유 중에 하나인 에너지 절감 효과의 감소로 이어지는 문제를 낳게 된다. 이러한 부분을 해결 및 개선하는 것이 조명용으로 LED를 사용하기 위하여 큰 문제로 대두되고 있다.

(4) 광학특성

① 색온도

백색 LED의 발광 색온도는 램프에 따라 편차가 크다. 소자인 청색 발광파장과 황색 발광 형광체의 조합으로 백색을 만들기 때문에, 발광파장의 편차나 형광체 양의 편차 등으로 색온도에 차이가 생긴다. 그 때문에 램프 메이커에서는 색도좌표 상에서 몇 개의 구분영역을 결정해 분류하고 있는 실정이다. 분류는 흑체 궤적을 따르는 선과 그것에 수직으로 바뀌는 등색 온도 선으로 둘러싸인 몇 개의 영역으로 구분되어진다. 보통의 LED는 색온도가 4,600K에서 15,000K까지 분포한다. 이것은 백열전구와 비교해 높고, 형광램프나 HID 램프의 색온도와 가깝다고 할 수 있다.

② 연색성

색을 가지고 있는 물체가 어느 정도로 정확하게 보이는 가라는 소위 연색성에 대해서는 평균 연색 평가수로 비교한다. 보통 백색 LED의 평균 연색 평가 수는 72정도로, 보통의 형광 램프와 거의 비슷하다. 전항에서 서술했던 전구색도 80정도라고 생각되며, 백열전구의 연색성에는 아직 미치지 않는다. 그러나 최근에는 단파장 LED와 RGB 3색의 형광체로 평균 연색 평가지수가 90정도인 제품도 판매되고 있어, 앞으로 더욱 개선될 것으로 보인다.

③ 발광 스펙트럼

백색 LED의 발광 스펙트럼을 그림 2.2.6에 나타낸다. 발광 스펙트럼은 소자인 청색 발광 스펙트럼 (피크 파장 470㎚)과 그것에서 여기 된 형광체의 발광 스펙트럼 (피크 파장 575㎚)이 합성된 것이다. 청색과 황색의 발광 스펙트럼의 피크 비는 거의 2 :1 비율이지만, 앞에서 서술한 전구색의 백색 LED

에서는 이 비율이 거의 1:1이다. 이에 반해 기존 광원의 발광 스펙트럼은 백열전구에서는 그림 2.2.7와 같이 파장 400㎚부터 연속하고, 가시 광 영역에서는 장파장 측에 단조로운 형태로 증가하는 특성을 갖고 있다.

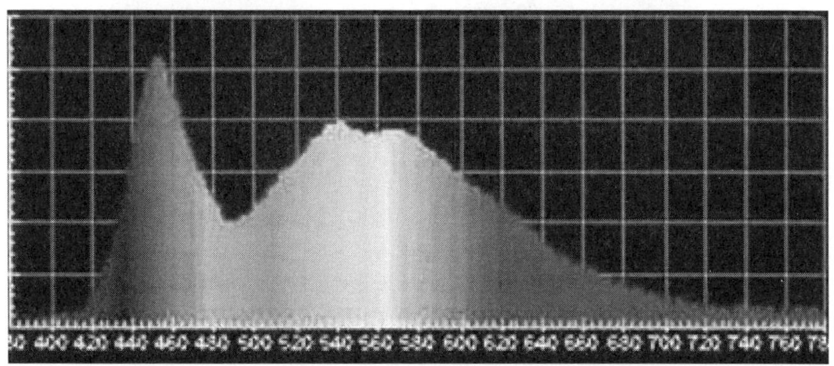

그림 2.2.6 백색 LED의 발광 스펙트럼

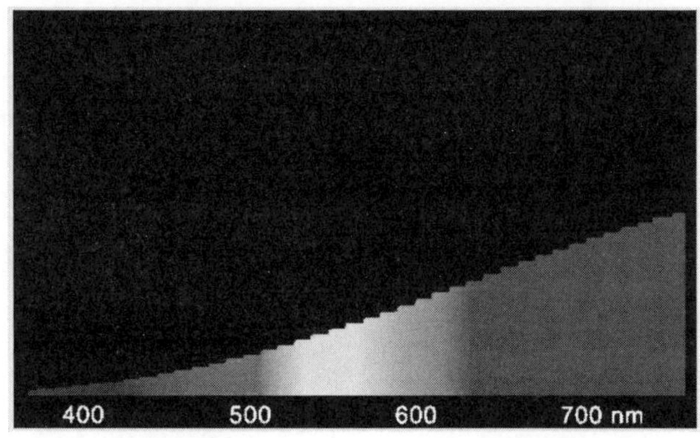

그림 2.2.7 백열전구의 발광 스펙트럼

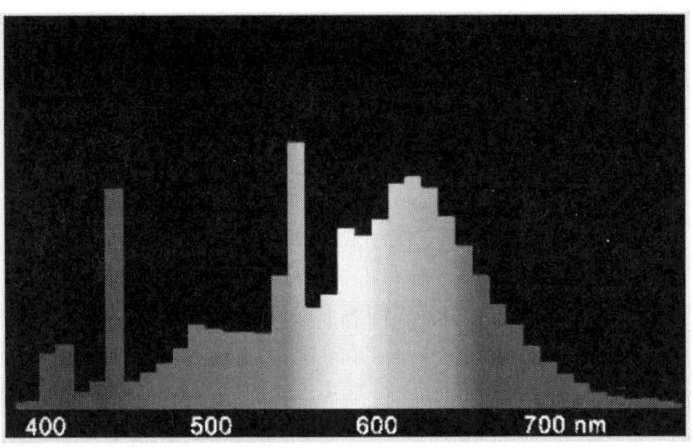

그림 2.2.8 형광램프의 발광 스펙트럼

그림에서는 볼 수 없지만, 스펙트럼은 적외선 영역까지며, 2,000㎚에 이르는 넓은 스펙트럼을 갖고 있다. 또한 형광램프의 발광 스펙트럼은 그림 2.2.8과 같이 방전에 의한 수은의 휘도 (약 440㎚, 550㎚, 570㎚ 등)와 형광체의 발광 스펙트럼 (460㎚와 580㎚에 산을 갖는 연속된 스펙트럼)이 합성된 것이다.

④ 지향성

LED램프는 포탄형 모양에 수지로 몰딩된 것으로, 빛은 전방으로 집중한다. 발광강도의 각도분포(지향특성)의 일례를 그림 1.5.4에 나타낸다.

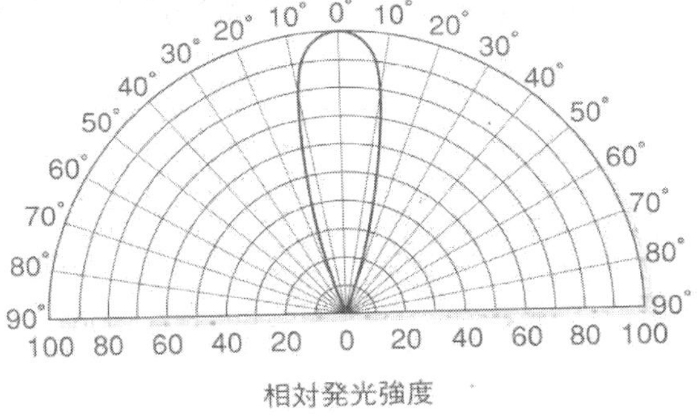

그림 2.2.8 LED램프의 지향특성

이 예에서는 시야각 (반치각도. 발광강도가 피크치의 절반이 되는 부분에서 측정한 빛의 출사각도)은 30이다. 소자의 발광효율이 같은 경우는 포탄형의 렌즈모양을 빛이 보다 집중하도록 하여 시야각을 좁게 하면 축 위의 발광강도(광도)는 높아지지만, 중심을 벗어나면 급격히 어두워지는 문제가 있다. 역으로 시야각을 넓게 하면 축 위의 광도는 낮아지지만, 조금 어두운 중심에서 벗어나더라도 광도는 그다지 떨어지지 않아 광학계열 설계에 여유가 생긴다. 현재 시판되고 있는 램프의 시야각은 15°에서 50°까지 있지만, 각각의 장점을 살려 용도에 맞게 사용해야 한다.

한편, 기존 광원은 백열전구, 형광램프 모두 발광은 전 방위로 넓어지고 있으며, 발광을 효율적으로 이용하기 위해서는 반사판 등의 부가적인 광학계열 추가가 필요하다.

⑤ 전류-광 출력 특성

LED는 pn접합의 순방향 전류에 의한 전자-정공 발광 재결합을 이용하고, 발광강도는 전류에 비례해 증가한다. 전류가 보통의 정격을 초과하는 영역에서는 발열 때문에 발광강도가 비례해 증가하지 않는, 소위 포화현상이 일어나는 경우도 있지만, 보통 사용영역에서는 광 출력은 전류에 비례한다. 그림 2.2.9에 전류-광 출력 특성의 일례를 나타낸다.

이에 반해 백열전구의 경우는, 전류가 증가하면 발광강도도 증가한다는 점에서는 LED와 비슷하지만, 증가 비율은 꼭 비례한다고는 할 수 없다. 일례로서 입력전력 5% 상승에 대해 광속은 20% 증가한다는 데이터도 있다.

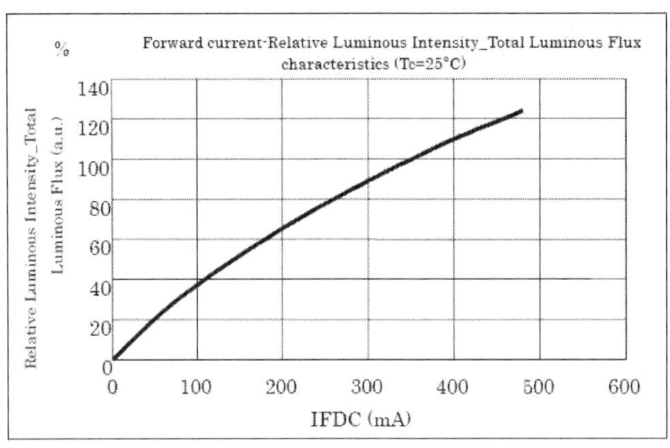

그림 2.2.9 전류-광 출력 특성

⑥ 온도-광 · 출력 특성

LED 광출력은 다른 광원과 비교해 온도 의존성이 적다. 그림 2.2.10과 같이 -20℃에서 80℃까지 광 출력의 변화는 적다.

이에 반해 기존 광원에서는 형광램프의 광 출력 온도 의존성이 강하다. 특히 저온 측에서 광 출력이 급감해, -10℃에서의 발광강도는 실온의 40%가 된다는 데이터도 있다. 이와 같은 점에서도 LED는 사용하기 쉬운 광원이어서 조명분야에서의 응용이 기대를 받고 있다.

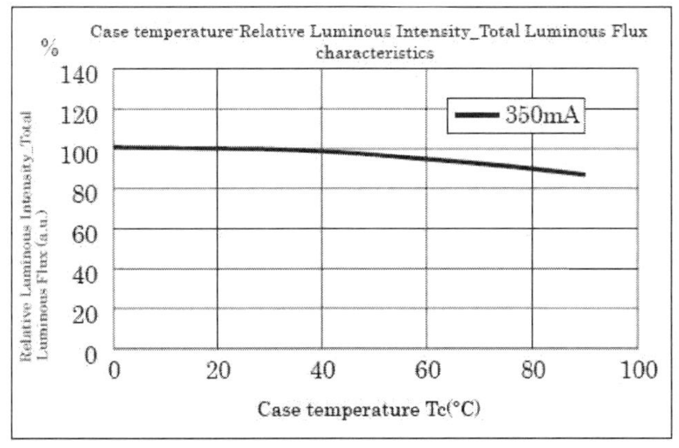

그림 2.2.10 온도-광 출력 특성

(5) 전기특성

① 극성

LED는 백열전구나 형광램프와 달리 극성이 있기 때문에 사용할 때는 주의가 필요하다.

LED는 pn접합의 반도체로, 소자인 p형 반도체측에 접속된 단자를 Anode, n형 반도체측에 접속된 단자를 Cathode라고 한다. 따라서 전류를 흘릴 때에는 +측에 anode, -측에 cathode를 접속한다. 이 극성을 잘못 접속하면 점등하지 않을 뿐만 아니라, LED에 손상을 주게 된다. 특히 LED의 역 전압은 수V 밖에 아니기 때문에 교류가 인가되는 회로에는 접속해서는 안 된다. 접속할 필요가 있을 경우에는 역접 다이오드를 삽입한다.

그림 2.2.11에 대표적인 LED의 외형을 나타낸다. 일반적으로는 포탄타입에서는 Anode측의 리드가 길어지고, SMD (Surface Mounting Device : 표면실장부품)타입에서는 cathode측에 마킹이 들어가 있지만, 제품에 따라 다른 경우도 있기 때문에 주의가 필요하다.

(a) 포탄타입 (Φ5㎜)　　(b) SMD 타입

그림 2.2.11 LED 외형

② 전압-전류특성

LED소자는 pn접합되어 있기 때문에 일반적인 다이오드와 같이 다이오드 특성을 가지고 있다. 또한 순방향으로 전류를 흘리면 순 전압이 발생하지만,

그 순 전압은 발광소자의 재질에 따라 다르다.

대표적인 특성을 그림 2.2.12에 나타낸다. 이 다이오드 특성을 가지고 있다는 점이 기존 광원과의 큰 차이점이다. LED를 점등시킬 때에는 반드시 전류제한 저항을 삽입한다. 전류제한 저항이 없다면 인가전압의 변동에 따라 순 전압 이상의 전압이 인가되었을 때, 과대전류가 흘러, LED에 손상을 주게 된다. 또한 전압-전류특성을 보면 알 수 있듯이 조금이라도 전압이 변동되면 전류는 크게 변동한다. 즉, 밝기가 크게 변동하게 되어 안정되지 못하기 때문에 인가전압은 순 전압 이상으로 해 전류제한 저항을 삽입하도록 권하고 싶다.

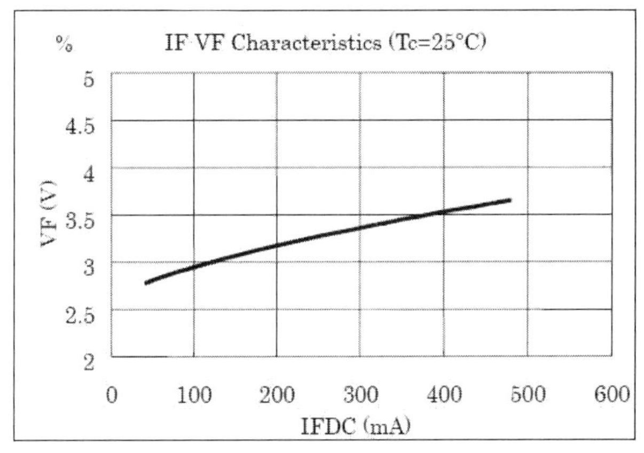

그림 2.2.12 전압-전류특성의 예

이와 같은 것을 LED의 병렬접합이라고 할 수 있다. LED의 전압-전류특성에는 제품마다 편차가 있어, 병렬로 접속했을 경우, 순 전압은 가장 낮은 LED 값이 된다. 그 때, 전압-전류특성이 낮은 LED에는 많은 전류가 흐르고, 전압-전류특성이 높은 LED에는 조금밖에 전류가 흐르지 않게 된다. 이것이 LED간의 밝기 차이를 발생해 문제가 되는 경우가 있어, 그 차이가 큰 경우에는 LED

파손에 이르는 경우도 있다. 따라서 LED를 병렬로 접속해야만 하는 경우에는 전압-전류특성에 맞는 것을 사용할 필요가 있다.

LED는 다이오드 특성을 가지고 있다고는 해도 정류 다이오드 정도의 역 전압은 가지고 있지 않다(일반적으로는 수V). 또한 제품에 따라서는 정전기 보호를 위해 보호 다이오드를 내장하고 있는 것도 있다. 이들 제품에 역 전압이 인가되면 합선되기 때문에 사용 시 역 전압이 인가될 가능성이 있을 경우에는 역접 다이오드를 삽입할 필요가 있다.

③ 온도-전압특성

LED의 순 전압에는 반도체 특유의 온도특성이 있어, 온도가 올라감에 따라 순 전압은 낮아진다. 대표적인 특성을 그림 2.2.13에 나타낸다.

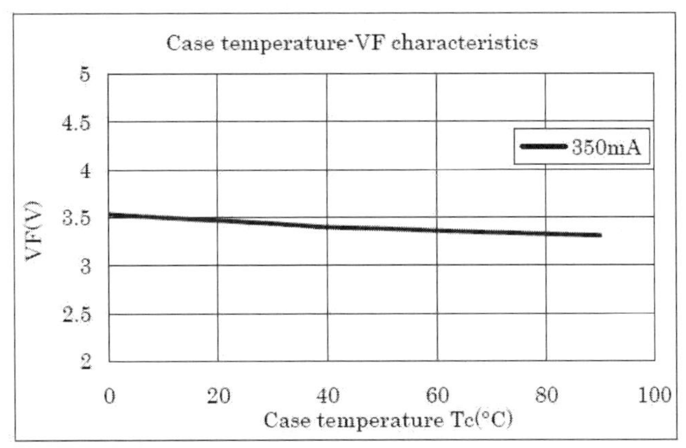

그림 2.2.13 온도-전압특성의 예

(6) 신뢰성

① Derating curve

LED의 신뢰성은 사용온도에 따라 크게 영향을 받으며, 사용온도가 높아지면

고장률도 높아진다. 그것은 LED 소자 자체가 아니라, 사용하고 있는 봉지수지나 수지 케이스가 고온이 될수록 열화가 빨라지는 것에 기인한다. 또한 LED 내부의 온도는 통전 전류가 많아질수록 높아져, 봉지수지나 수지 케이스 열화가 빨라진다. 그래서 Derating Curve라는 것이 이용되고 있다.

Derating curve란 주위온도 (장치가 아니라 LED가 위치한 환경온도)에 대한 사용 가능한 전류로서 주위온도가 고온이 됨에 따라 전류는 낮아진다. 이 커브의 안쪽이라면 충분한 수명을 유지할 수 있다. 대표적인 특성을 그림 2.2.14에 나타낸다. 이 커브는 LED 패키지의 방열성에 따라 변하기 때문에 제품마다 다르다. 수백mA를 흘리는 최근의 파워 LED에서는 패키지의 방열성이 좋아져, 실장 하는 기판 등에서의 방열성에 좌우되는 경우도 늘고 있다. 이런 경우에는 실장 하는 기판의 방열특성 마다 Derating curve를 설정하는 예도 볼 수 있다.

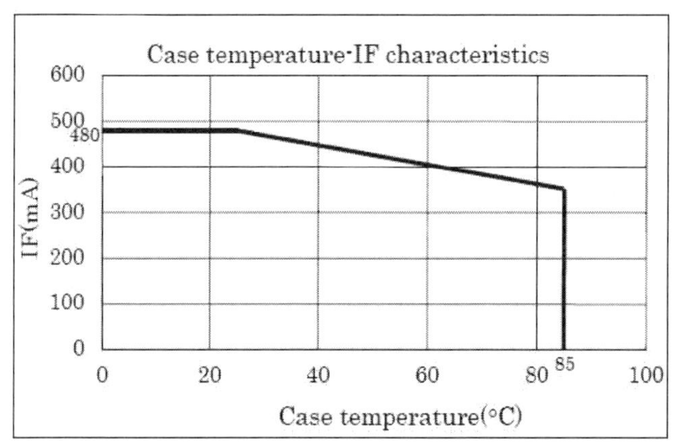

그림 2.2.14 Derating curve의 예

② 내열

LED는 빛을 외부로 내기 위해, 에폭시 등의 투명수지로 몰딩 되고 있다.

이들 투명수지의 내열성은 첨가제를 넣을 수 없기 때문에 일반적인 에폭시 수지보다도 내열성은 낮다. 이런 이유로 LED의 내열은 전구나 형광램프보다 낮기 때문에 사용할 때는 LED가 고온에 노출되지 않도록 배려할 필요가 있다. 특히 LED 주변에 저항기 등의 발열체를 배치하지 않도록 배려해야 한다. LED가 내열온도 이상의 고온에 노출될 경우, 광도의 열화가 가속화될 뿐만 아니라, 소자를 접속하고 있는 금 와이어의 단선이나 소자를 고정하고 있는 은 페스트의 떨어짐 등으로 점등이 되지 않는 경우도 있다. LED가 고온에 노출되는 경우로, 실장 할 때 납땜에 의한 고온이 있으니, 충분한 확인이 필요하다.

③ 정전내압

LED는 반도체 제품이기 때문에 백열전구ㅁ나 형광램프와 비교해 정전기에 약한 특성을 갖고 있다. 따라서 실제 제품에서의 사용 환경이나 조립공정에서의 정전기에 대한 주의가 필요하다. 또한 발광소자의 재질에 따라서도 그 내압은 크게 다르기 때문에 주의가 필요하다. 정전기에 대한 보호로서 LED 패키지 안에 보호 소자를 삽입한 제품도 있다.

(7) 기타

① 형상

LED는 백열전구나 형광램프와는 달리, 규격으로 결정된 형상은 없다. 일반적으로 포탄타입이라고 불리 우는 것은 φ3㎜, φ5㎜가 주류이다. SMD 타입에는 여러 가지 형상의 종류가 있다. 비슷한 형상의 LED도 많이 존재하지만, 메이커에 따라 조금씩 다른 경우도 있다.

최근에는 기판에 대한 탑재성이 우수한 SMD 타입이 주류를 이루고 있다. 또한 최근에는 수백㎃를 흘리는 파워 LED도 나오기 시 작했으며, 그들의 형상은 메이커에 따라 완전히 다른 모양을 하고 있다.

② 구동회로

LED를 점등시키기 위해서는 백열전구나 형광램프와는 다른 구동회로가 필요하다. 가장 일반적인 회로로는 정전압 회로가 있다. 정전압 회로란 LED의 순 전압 이상의 일정 전압을 공급하는 전원으로부터 전류제한 저항을 삽입해 LED에 전류를 흘리는 회로다. 이 구동회로의 경우, LED의 순전압과 전원전압의 차가 적을수록 전원전압이 변동되었을 때 전류치가 크게 변화, LED의 밝기가 Aaaa크게 변하기 때문에 전압의 변동 폭을 잘 확인해 직렬로 접속하는 LED 수를 결정할 필요가 있다. 또한 앞에서 서술한 순전압의 온도특성 영향으로 주위온도에 따라 전류가 변하고, 밝기가 변한다.

이것이 문제가 되는 경우에는 정전류 회로구동을 생각할 수 있다. 또한 LED는 백열전구와 비교해 응답성이 매우 좋기 때문에 순간적인 Pulse로도 점등한다. 인간의 눈의 응답성은 매우 좋아서, 순간적인 Pulse에 의한 점등도 인식하므로 주의가 필요하다. 또한 LED는 전구와 달라 미세한 전류로도 점등하기 때문에 회로 상에서의 누설되는 전류에 의한 미등에도 주의가 필요하다. 수㎂의 전류로도 어두운 곳에서는 알 수 있기 때문에 암실 등에서의 확인이 바람직하다.

3. LED광원의 조명분야 응용 사례

3-1. 주택분야

(1) 스텝등 / 센서등

이 용도의 기구는 많은 광량을 필요로 하지 않기 때문에 LED가 조명용도로 사용되기 시작했던 당시부터 각사에서의 상품화가 활발하게 진행되었던 분야이다.

LED의 장점인 장 수명·소비전력 절감으로 램프 교환이 필요 없어져 야간이나 항상 점등하는 곳에서도 전기세는 걱정하지 않아도 된다. 또한 발밑 장애물을 비춰, 야간의 안전성을 확보하면서도 필요 최소한의 밝기이기 때문에 야간에 화장실 갈 때, 눈이 부셔 잠이 깨는 작용을 방지하고 있다.

이 타입의 기구는 주택용뿐 만 아니라, 병원용 등의 시설용도로도 상품화되고 있다.

그림 2.4.1 스텝등

그림 2.4.2 센서등

(2) LED 실링 라이트

기존, 실링 라이트 등의 常夜燈으로서 이용되었던 소형 원형 전구를 LED로 교체한 조명기구가 일반적이지만, 단순하게 LED로 교체한 것뿐만 아니라 LED의 컴팩트 성이나 지향성을 활용한s 새로운 디자인의 기구가 상품화되고 있다. 그림 2.4.3은 가정에서 홈시어터를 이용할 때, 공간을 적절한 밝기로 비춤으로써 화면에 집중하기 쉽고, 현장감을 향상시킬 수 있는 조명시스템의 일례이다. 이 실링 라이트의 주위에는 연출용 LED가 4곳에 설치되어 있으며, 리모컨으로 LED부분의 밝기를 바꿀 수 있도록 되어 있다. 그림 2.4.4는 커버의 외주로 평행하게 설치된 2개의 링에 LED 빛을 도광시켜, 공간을 판타스틱하게 연출할 수 있는 기구이다. LED의 색깔도 청색과 등색 2종류가 있다.

그림 2.4.3 홈시어터 라이팅

그림 2.4.4 LED 실링 라이트

(3) 주택용 Exterior 조명기구

LED의 소형 · 컴팩트 · 장수명과 같은 장점을 활용한 주택의 Exterior용 조명기구가 상품화되고 있다. 입구의 발밑을 밝고 안전하게 비추는 Entrance light, Spot Light나 Footlight를 비롯해 식물 재배에 엑센트를 주는 장식용 등이다. LED의 지향성을 활용한 배광을 가지며, 디자인성도 뛰어난 상품이 많아, 향후 LED의 고 출력 화 진전과 함께 이 분야의 상품도 증가할 것으로 생각된다. (그림 2.4.5)

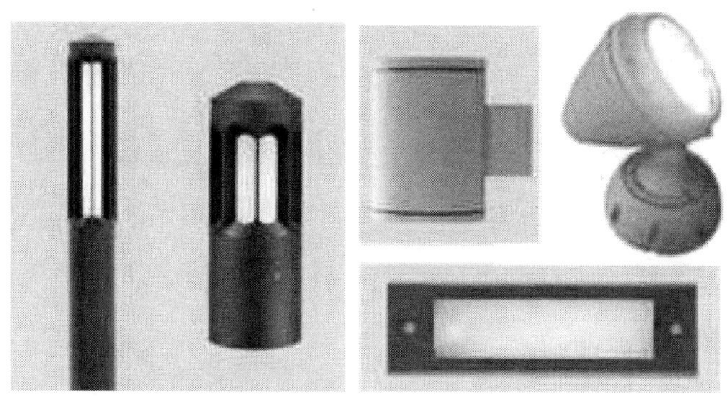

그림 2.4.5 주택용 Exterior 조명기구

(4) Desk light , Floor light

LED는 소형·컴팩트한 광원으로 기존에 불가능했던 자유롭고 독특한 디자인이 가능하기 때문에 새로운 조명 인테리어로서의 전개가 기대를 모으고 있다.

그림 2.4.6은 고 휘도 LED를 직선 형태로 배치한 Desk Light 및 Floor light로 알루미늄 특유의 질감에 심플하게 디자인된 인테리어 조명이다. 외관 컬러에 맞게 백색 타입(실버로 마무리), 전구 색(Warm) 타입 (블랙 마무리)의 2종류의 광원색이 있다.

Desk light는 접어서 수납하는 각도를 자유롭게 변경해 Arrange 할 수 있는 독특한 디자인이다. 또한 Floor light도 상부의 각도를 자유롭게 변경할 수 있다. 게다가 버튼 조작으로 8단계의 조광이나 상하 2곳의 점등 전환 등 분위기에 따라 인테리어를 연출한다.

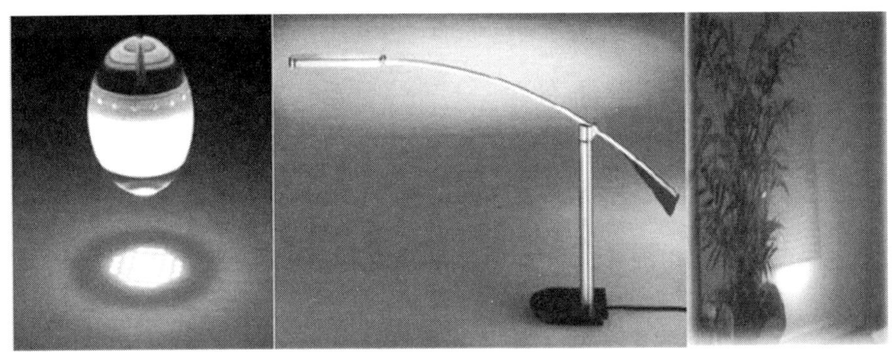

그림 2.4.6 인테리어 조명 예

3-2. 시설분야

(1) 유도등

유도등은 화재나 뜻밖의 정전이 발생했을 때, 사람들이 신속하고 안전하게 피난할 수 있도록 비상구나 피난경로를 나타내 소방용 설비로, 최근 백색 LED의 성능향상과 함께 백색 LED를 광원으로 이용한 도광식 타입의 유도등이 등장하고 있다.

백색 LED는 기존의 형광램프와는 달리, 수은을 포함하지 않기 때문에 환경에 친숙한 광원임과 동시에 깨지기 어려운 구조 및 소재이기 때문에 기존의 기구와 비교해 램프를 교환할 때의 Maintenance성이 크게 향상되었다. 백색 LED를 이용한 도광식 유도등은 표시면의 휘도 차이를 억제해, JIL5502 (유도등 기구 및 피난 유도 시스템용 장치기술 기준)를 해결하는 높은 시인성도 확보해 유도등에 요구되는 기능을 충분이 만족하면서 여러 가지 공간에 매치할 수 있는 클린하면서도 스마트한 디자인이다. (그림 2.4.7)

LED 도광식 유도등의 장점은 다음과 같다.

- 소비전력 절감 (환경대응)
- 수은을 사용하지 않음 (환경대응)

- 냉음극 램프와 비교해 깨지지 않아 취급이 용이하다 (작업성 향상)
- 냉음극 램프와 비교해 2차 전압이 낮다 (안전성 향상)
- 저온일 경우 시동특성의 개선 (성능향상)

표 2.4.1 C급 유도등에 있어서 LED와 냉음극 램프의 비교

1) 수명비교

구 분	램프 수명			비 고
	소 형	중 형	대 형	
기존 유도등	6,000h	8,000h	12,000h	
고휘도 유도등	30,000h	50,000h	50,000h	
수명 비교	5배	6.25배	4.17배	

2) 소비전력 비교

구 분	소비 전력(W)	비 고
	중 형	대 형
기존 유도등	28W	48W
고휘도 유도등	4.8W	8.4W
소비전력 비교	82.8%절감	82.5%절감

3) 전기사용료 비교(5년 사용기준)

구분	Type	수량	전기료(원)	소 계(원)	비고
일반제품	중형	100EA	24,192	2,899,200	7,966,400원
	대형	100EA	41,472	5,067,200	
신형제품	중형	100EA	4,147	414,700	1,140,400원
	대형	100EA	7,257	725,700	
비교			전기사용료 : 6,826,000원 절감		

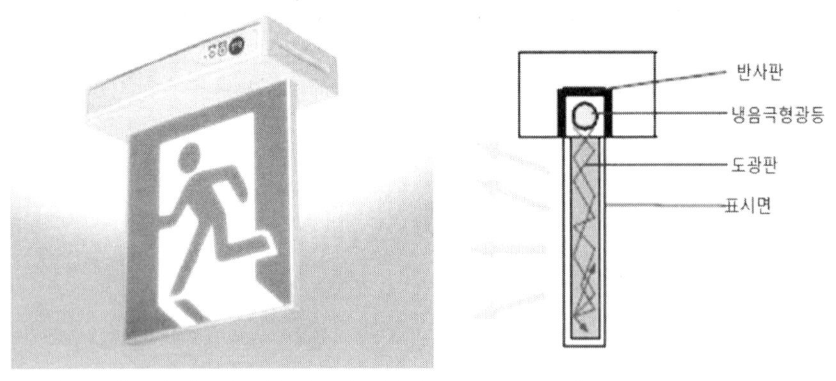

그림 2.4.7 유도등

(2) **병원용** Bed Light

병원용 Bed Light는 손 근처에 충분한 빛을 확보하는 것은 물론이고 옆 침대에 빛을 누출하지 않는 것도 중요하다. 집광성이 높은 렌즈를 부착한 LED를 광원으로 사용함으로써 이 과제를 해결한 Bed Light가 상품화되고 있다.

침대에서 독서할 때 적합한 조도는 일본공업규격 (JIS) 조도기준 (Z9110)에서는 150 ~ 300Lux로 규정되어 있으며, 집광 렌즈를 부착한 LED 광원으로 손 근처에 A4 사이즈에 해당 (Φ320㎜)하는 범위에 300Lux의 조도 (조사거리 45㎝일 때)를 확보하면서 옆 침대에는 거의 빛이 가지 않도록 배광을 실현하고 있다.

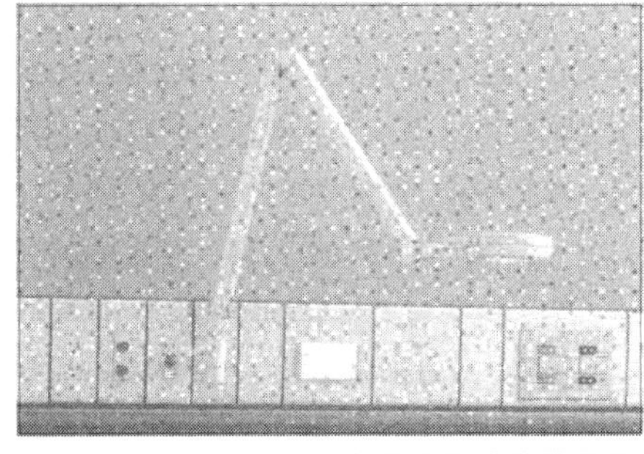

그림 2.4.8 LED를 이용한 병원용 Bed light

또한, 광원에 LED를 이용함으로써 등기구의 사이즈가 작고 가벼워져 조작성이 기존의 기구보다 향상되었을 뿐만 아니라, 빛의 조사방향에 열이 거의 나지 않기 때문에 얼굴이 기구 근처에 가더라도 백열등과 같은 열을 느끼지 않는다.

(3) 전자파 절감 조명기구

의료시설이나 반도체 공장 등에서는 정밀기기에 영향을 주는 전자파 (노이즈)의 절감이 요구되고 있기 때문에 조명기구에서도 노이즈 절감 필터 등을 탑재함으로써 기구에서 발생하는 노이즈를 절감하는 것이 필수이다.

LED의 경우는 원래 직류로 점등하기 때문에 고주파 점등을 하는 인버터식 형광등 기구 등과 비교해 노이즈의 발생은 적지만 전원회로의 고안으로 노이즈 수준을 더욱 절감해, 기구 부품 및 재료에 비자성체 소재를 사용한 LED 조명기구가 발매되고 있다.

노이즈에 민감한 의료기기나 정보기기 등으로의 영향을 절감해, MRI실 (핵 자기공명법에 의한 화상촬영) 등의 강한 자장을 발생하는 기기의 주변에도 설치할 수 있는 사양이 되었다.

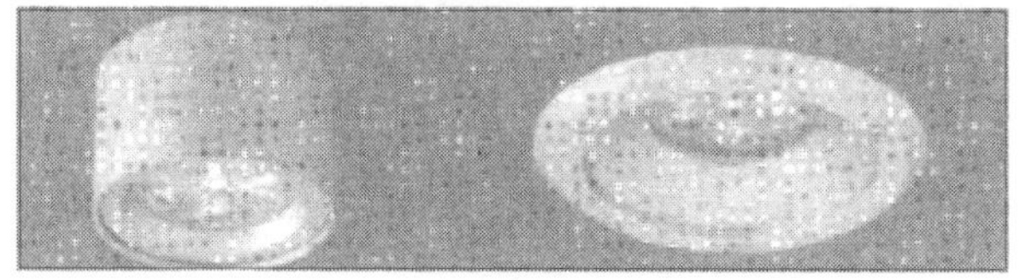

그림 2.4.9 MRI실용 LED 조명기구

3-3. 점포분야

(1) Spot light, Down Light, 실링 라이트

소형 · 컴팩트, 열선이나 자외선을 거의 포함하지 않는다고 하는 LED의 장점을 가장 잘 활용한 것이 이 분야의 상품군일 것이다. 광 출력은 수십 루멘 정도의 제품이 주류이지만, 집광렌즈와의 조합이나 근접 조사로 피조사면의 조도를 확보함으로써 쇼케이스 내 조명 등의 용도를 중심으로 이용되고 있다.

또한 기존의 광원으로는 실현할 수 없는 참신한 디자인의 기구가 많은 것도 이 분야의 장점이다. 최근 LED의 고 출력 화와 함께 광 출력도 향상된 상품도 증가하고 있다.

그림 2.1.10 Spot light, Down Light, 실링 라이트의 여러 가지 예

그림 2.4.11 고출력 Down light 제품 예

(2) 스틱 조명

알루미늄 매트 실버 마감의 고급스런 스트레이트 라인 LED 조명 광원 유닛이다. 직경 16㎜Φ의 단면 형상으로 전용 설치금구로 간단하게 고정할 수 있으며, 회전으로 조사방향을 자유롭게 변경할 수 있다. LED색은 백색, 전구색, 청색, 녹색 등 각 색의 대응이 가능하며, 약 200㎜에서 1,000㎜까지의 표준 길이도 가능하다. 전원전압은 DC 12V로 전용 AC 아답터로 점등시킬 수 있다.

연속 점등 외에 점멸이나 여러 가지 점등 모드가 가능한 전용 소형 컨트롤러로 여러 가지 연출도 가능해, 점포 공간의 액센트 조명으로서 여러 부분에 사용할 수 있다.

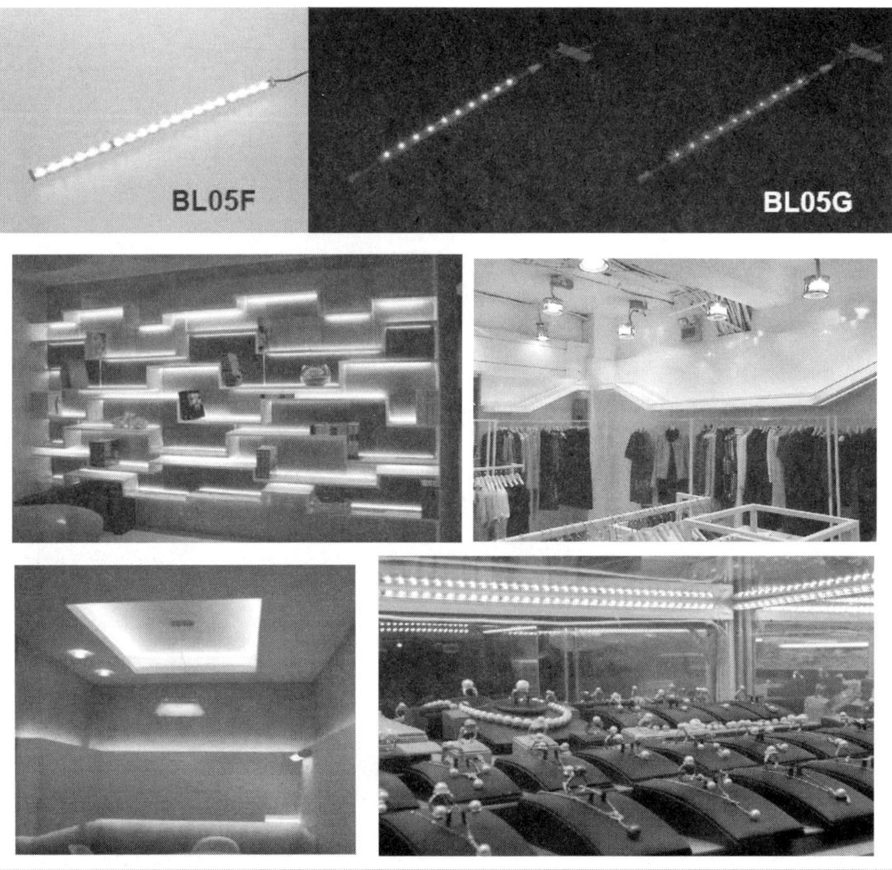

그림 2.4.12 스틱조명

3-4. 옥외분야

(1) Exterior Light 전반

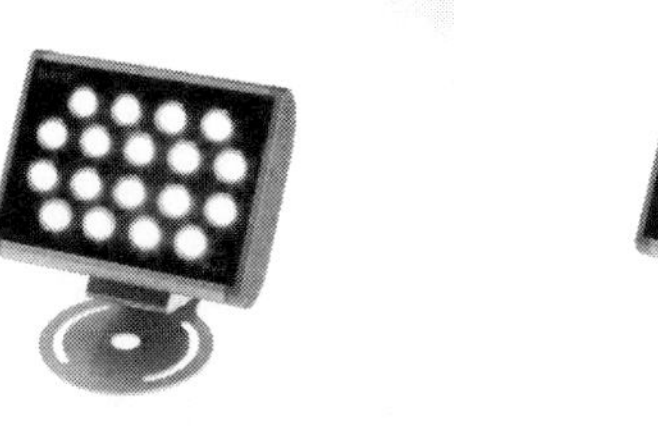

그림 2.4.13 Exterior Light의 예

야간 장시간 점등을 전제로 하는 옥외조명에 있어서 LED의 우위성은 그 자체로 장점이 될 수 있다. Running Cost절감이나 Maintenance에 드는 작업의 삭감은 설치하는 시설의 대소를 불문하고 도입을 위한 동기가 될 것이다.

몇몇 상품 사례를 그림 2.4.13에 나타낸다.

이 제품군은 적절한 조명계획과 함께 사용될 경우, 보행자나 운전자에게 있어서 가장 적절한 Approach Light가 된다. 원거리로부터의 시인 성을 확보하면서 불쾌한 눈부심을 피한다고 하는 설계 관점은 Cut off Angle을 고려한 고도의 Reflector 제어로 실현되고 있다. 고순도 알루미늄 증착이 실시된 복잡한 형상의 Reflector는 윗부분에 위치하는 LED로부터의 에너지 흩어짐을 최소화하면서 전방으로 빛을 반사하는 광학설계가 이루어져 있다. 또한 주위환경에 맞춰 백색 타입 및 전구 색 타입 (Warm)의 색온도가 Line up되어 있다. 게다가 옥외 조명의 기본성능인 방수성과 내후성에 대해서도 높은 품질이 확보되고 있다.

(2) 건축 부품 및 재료

LED는 소형, 컴팩트, 장수명의 광원이기 때문에 건축 구조물에 사용하고자 하는 니즈가 많다. 그와 같은 요청에 부응할 만한 건축 부품 및 재료로서 건축공간의 여러 장소에 사용할 수 있는 LED 조명기구가 개발되고 있다. 다양한 니즈에 부응하도록 점, 선, 면 모양의 기구가 Line up 되어 있으며, 건축물의 조명공간을 두드러지게 하는 이면의 역할을 담당하고 있다. 이들 기구 시리즈는 옥외용도 뿐만 아니라 옥내 공간을 포함한 폭넓은 용도로 사용할 수 있는 설계이다.

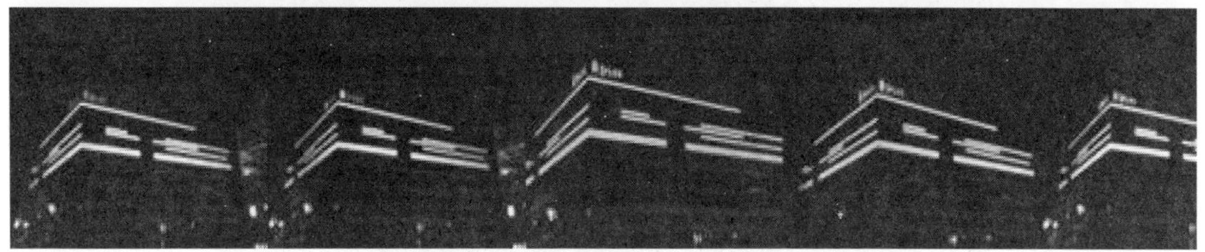

그림 2.4.14 건축 부품 및 재료와 응용 예

(3) Solar Light

소비전력이 적은 LED는 Solar Panel과 조합해 사용하는데 적합한 광원이라고 할 수 있다. 각사의 Solar Panel과 LED를 조합시킨 여러 가지 상품이 발매되고 있으며, 지구환경에 친숙하다고 하는 측면 이외에도 정전 시 점등하기 때문에 재해 시 피난 및 유도 효과 등도 기대 받고 있다.

그림 2.4.15 Solar Light의 예

3-5. 연출분야

(1) Color 연출조명기구 및 시스템

기존의 연출조명에서는 백색광원에 필터를 사용해 색을 입힌다든지, 색이 다른 네온이나 형광등을 여러 개 사용해 ON/OFF 조합으로 색을 만들어 내는 방법을 이용했었다. 그러나 이와 같은 방법으로 만들어 내는 색은 제한이 있어, 연출내용도 단조로웠다.

LED로 칼라 연출조명을 할 경우, 빛의 3원색인 R. G. B 3가지 색깔의 LED와 마이크로프로세서를 조합시켜, 각각의 휘도를 컨트롤함으로써 여러 가지 색의 표현이 가능해진다. LED는 매우 정밀하게 휘도를 컨트롤할 수 있기 때문에 이 방법으로는 지금까지 재현하기 어려웠던 여러 가지 색의 표현이 가능해진다. 이것은 단순히 재현할 수 있는 색깔의 숫자가 증가하는 것뿐만 아니라, 색깔이 자연스럽게 바뀌는 것도 가능해지기 때문에 연출의 폭도 더욱 넓어진다.

이 분야의 상품은 대규모 연출제어 시스템뿐만 아니라, LED의 색깔 변화와 함께 LED의 장 수명 및 컴팩트화와 같은 장점을 살린 여러 가지 상품이 제안되어 기존의 기구로는 실현할 수 없었던 공간연출을 가능하게 한다.

그림 2.4.16 수중조명을 사용한 분수연출 사례

그림 2.4.17 LED의 제어성을 활용한 화상연출 사례

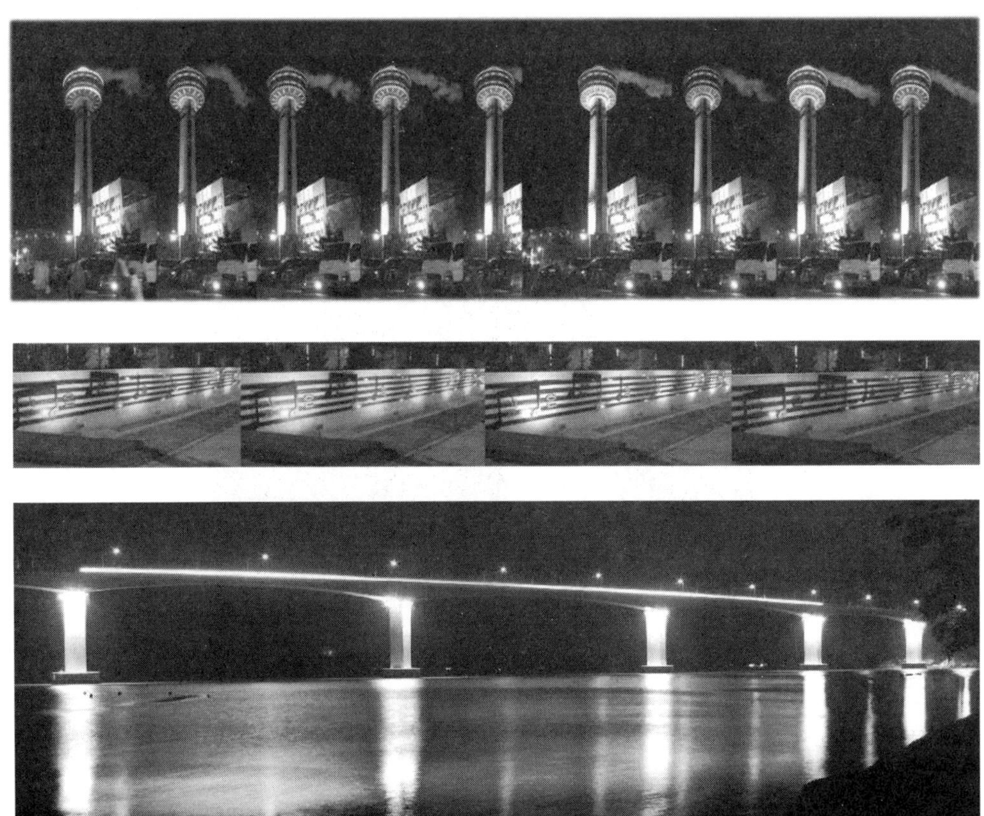

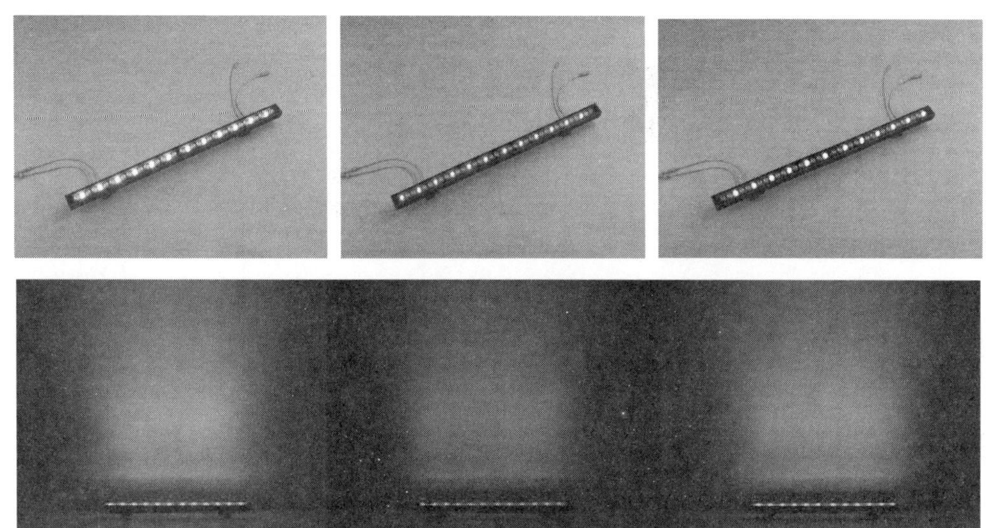

그림 2.4.18 칼라 연출사례와 기구

3-6. 휴대전화분야

현재 LED 응용 Application 분야 중에서 가장 많은 LED를 사용하고 있는 분야가 휴대전화용으로, 액정화면이나 키패드의 백라이트, 카메라용 플래시 등에 사용되고 있다. 액정 패널의 칼라 화나 카메라 탑재 형 휴대전화의 증가와 함께 백색 LED의 사용개수도 증가해 왔다.

그림 2.4.19 핸드폰 키패드, 액정화면의 BLU

그림 2.4.20 Mp3, 카메라 액정화면의 BLU

3-7. 도로교통 분야

(1) LED식 교통 신호등

전구 식 신호등은 전원에 백열전구를 이용, 반사경과 적색, 황색, 청색으로 착색한 렌즈 (필터)를 조합시켜 신호 색을 만든다. 그에 반해 LED식의 경우는 발광 다이오드는 표시면 전체에 배치되어, LED의 발광색이 직접 신호색이 된다. 1색 당 LED의 수량은 10년 전 개발 당시에는 700개 이상 사용되었지만, LED의 고 휘도와 함께 현재는 약 200개를 사용하고 있다.

LED식 교통 신호등은 기존의 전구식과 비교해 에너지 효율이 높아 소비전력량은 차량용에서는 70W에서 약 15W로 1/5 정도, 보행자용에서는 60W에서 15W이하로 1/4 이하로 삭감된다. 따라서 일본 전국의 전구 식 신호등을 모두 LED식 신호등으로 교체했을 경우, 연간 8.3억kWh 절전할 수 있다. 이것을 원유로 환산하면 약 20만kl에 해당하며, 약 8,300만 그루의 나무를 심은 것과 같은 CO2 삭감효과를 갖게 된다. (2004년 8월 현재, LED조명추진협의회 조사)

또한 LED식 신호등은 수명이 길기 때문에 정비나 폐기물 처리 등의 라이프 사이클 비용을 대폭 절감할 수 있다는 것이 장점이다. 환경적인 측면에서의 이점과 함께 시인성도 좋고 유사점등과 같은 현상이 일어나지 않는 등, 안전 면에서도 여러 가지 장점을 갖고 있어 동경을 중심으로 도입이 진행되고 있다.

차량용 교통 신호등의 설치대수는 2005년 3월 말 현재, 약 111만개이다.

그 중 LED식은 약 10만개로 최근 1년 사이 약 4만개가 증가해, 신호등 전체에서 차지하는 비율은 9.3% (전년은 5.7%)이다. 그렇지만 다른 나라와 비교하면 아직 LED화 비율은 낮은 상황으로, 향후 보급 촉진이 기대된다.

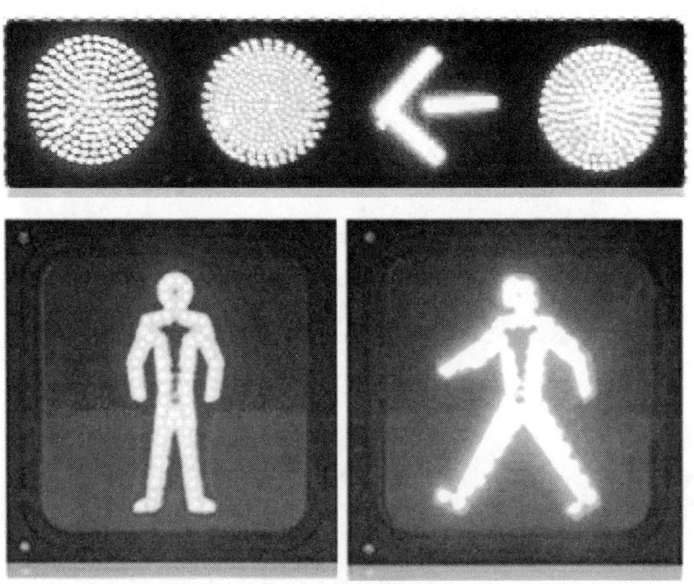

그림 2.4.21 교통 신호등으로의 응용

(2) 터널 내 표시등

터널 내 안전 확보를 목적으로 200m 간격으로 설치되는 표시등은 100m 거리에서 시인할 수 있는 것이 필수이다. LED를 이용한 도광 식 표시등은 특수 도광판을 사용해 패널의 표면 휘도를 균일하게 컨트롤함으로써 높은 균제도를 확보했으며, 더욱이 측면부에 Slit를 설치해 LED의 발광을 보게 함으로써 100m 앞에서 시인할 수 있도록 필요한 평균 휘도를 해결했다. 또한 장 수명·소형과 같은 LED의 장점으로 램프 Maintenance의 절감과 기구의 슬림화에 따른 시공의 간편함 외에 에너지 절약에도 기여하고 있다.

그림 2.4.22 터널용 표시등

(3) 보안등 / 가로등

LED의 고출력화와 함께 조도를 확보하기 위해 많은 광속을 필요로 하는 보안등/가로등 분야에도 최근 LED를 탑재한 제품이 개발되고 있다. 그림 2.4.23에 나타낸 보안등은(상단 좌측) 1모듈 당 고출력 백색 LED가 20개씩 3개가 탑재되고, 가로등은(상단 우측) 1모듈 당 고출력 백색 LED가 40개씩 3개가 탑재되어 소비전력은 각각 60, 120W로 각각 나트륨램프의 약 절반 수준 정도이다.

그림 2.4.23 보안등 / 가로등 제품 및 설치 예

(4) LED 터널 시선 유도등

보통, 터널에는 안전주행을 확보하기 위해 조명설비가 설치되어 있다. 조명설비의 역할은 주간인 경우 밝은 야외에서 어두운 터널로 진입할 때, 터널내의 장해물이나 차 등을 안전하게 피할 수 있는 거리를 확인할 수 있고, 안전하게 피할 수 있는 시 환경을 제공하는데 있다. 이를 위해 터널의 입구와 출구부분에는 사람의 눈의 순응을 고려해 충분한 밝기가 필요하다. 그러나 조명설비 만으로의 밝기는 야외 밝기의 약 2.5%에 지나지 않아, 진입할 때는 터널 내부가 암흑의 동굴처럼 보이게 된다. 그 결과, 운전자는 불안을 느껴 속도를 줄이기 때문에 이것의 정체의 원인이 된다. LED 터널 시선 유도등은 이런 부분을 보완해, 보다 안전성이 높은 주행을 지원하기 위해 터널의 항 외부 및 터널 내부의 가장자리에 설치되어 있다. 터널 시선 유도등을 설치하는 주요 목적은 다음 2가지이다.

① 터널에 진입할 때, 도로 폭이나 선의 형태를 쉽게 인식하는 것

② 터널에 진입 후, 노면과 벽면의 경계나 연석 부근을 명확히 해, 주행 목표 선을 제공하는 것

LED 터널 시선 유도등의 예와 사양을 그림 2.4.24에 나타낸다. 이것으로 터널 조명 에너지의 많은 증가 없이 안전주행을 지원하는 것을 기대할 수 있다.

그림 2.4.24 LED 터널 시선 유도등의 설치 예

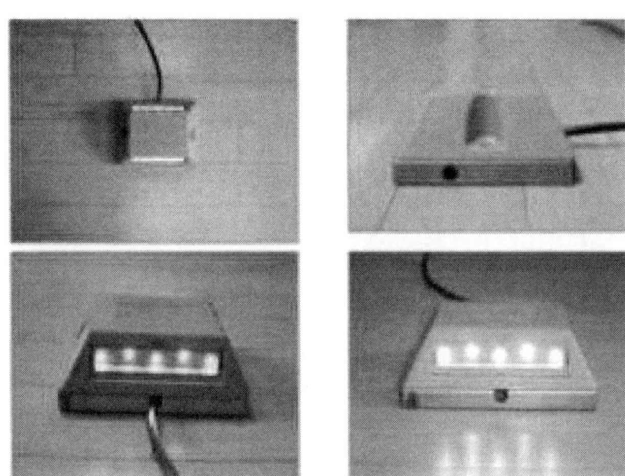

그림 2.4.25 LED 터널 시선 유도등의 예

표. 2.4.2 LED 터널 시선 유도등의 사양

구분	내용
터널안전유도등	HK140. 고 휘도 LED 점등 방식(전면 5LED, 후면5LED)
제품 크기	L140mm W110mm H35mm
정격 전압	24 VDC
동작 전압	DC/AC 14-30V(휘도 변화 없음)
정격 전류	60 mA(충전시 100mA이하)
소비 전력	1.4W이하(충전시 2.4W)
LED 램프	전면 백색 5ea, 황색5ea, 후면 녹색 5ea, 기본으로 색상선택가능
축전지	24V(자동시간 조절가능, 일반형), 배터리내장형(3시간이상)
설치 간격	10M~30M(권장10M)
정전 보정	2시간 이상 점등(시간조절가능, 일반형), 배터리내자형(3시간이상)
평균수명	5년 이상
제어기	무 정전 전원 변환 장치, 주야밝기조절(외부신호), 주야간 5단계이상 밝기(무단)
방수	IP 67
사용 온도	-30~70℃

(5) LED 도로 시선 유도등

LED 시선 유도등은 교통사고 방지책의 하나로서 비교적 급격한 곡선 부를 갖고 있는 도로의 코너 부분에 설치되어 있다. LED 시선 유도등 설비에는 다음과 같은 효과가 기대를 받고 있다.

① 연속적인 빛의 발생으로 커브 앞에서의 선형 인식에 의한 감속효과로 커브 구간 내에서의 원활한 핸들 조작을 기대할 수 있다.

② 수명이 길기 때문에 램프 교환 등의 유지 보수 작업에 의한 차선 규제가 줄어, 정체를 완화할 수 있다.

③ 컴팩트 하기 때문에 낮은 위치에 설치할 수 있다.

④ 소비전력을 절감할 있기 때문에 경제적이다.

그림 2.4.26 LED 시선 유도등의 설치 예

표 2.4.3 LED 시선 유도등 사양

구분	내용
노면으로부터 돌출	설치방법에 따라 3~4mm
직경	상부123mm, 하부117mm
전원	24-48VCD
전력 소모량	황색/백색 4W
빛 밝기	100cd
제설작업	용이
빛밝기 조절가능	가능

그림 2.4.26은 국도 25호선에 설치된 예이다. 반경 300m 곡선부분에 높이 1m로 LED 시선 유도등이 474개 설치되어 있다. LED 시선 유도등의 사양을 표 2.4.3에 나타낸다.

(6) 시각 장애자용 시선 유도등 (LED 점자 블록)

LED 점자 블록은 시각 장애자 중, 약시의 보행을 지원하기 위한 시선 유도등이다. 고령화 사회를 맞아 고령자나 시각 장애인이 안전하게 생활할 수 있는 길거리 만들기가 요구되고 있지만, 통계에 따르면 시각 장애인은 전국에 30만 명 정도이며, 그 중 완전한 맹인은 3만 명에 지나지 않으며, 대다수가 시력이 조금이나마 남아 있는 약시이다. 또한 고령에 따른 시력저하도 포함하면 그 수는 100만 명에 달할 것이다.

점자 블록은 시각 장애인의 보행 보조수단으로서 전국에 보급되고 있지만, 야간에 충분한 조명이 없으면 점자 블록이 보이지 않아 약시 자에게 있어서 안심하고 야간에 외출할 수 없다는 문제를 안고 있지만, 점자 블록 자체를 빛나게 함으로써 야간의 시인 성을 향상시키는 방법이 고안되었다. 점자 블록을 빛나게 하는 방법은 몇 가지 고안되고 있으며, 하기와 같은 장점으로 LED를 적용한 예가 증가하고 있다.

① 컴팩트 하기 때문에 점자 블록에 쉽게 내장할 수 있다.

② 지향성이 강하고, 배광제어가 쉽기 때문에 약시에게 있어서 필요한 광도를 얻을 수 있다.

③ 수명이 길기 때문에 유지 보수비용을 절감할 수 있다.

그림 2.4.27은 국내에 설치된 LED 점자 블록이며, 2.4.28, 29는 일본에 설치된 LED 점자 블록의 예이다. 국내의 경우 단순히 정지 및 주의 선에 대해서만 설치한 것에 비하여 일본에서 설치되는 제품은 다음의 두 가지 형태로 나눠어 설치되어 있다. 녹색으로 빛나는 것은 LED 라인 모양 블록 (그림 2.4.28)으로「진행」을 나타낸다. 적색으로 빛나는 것은 LED 점 모양 블록 (그림 2.4.29)로「정지 및 주의」를 나타낸다.

이것으로 약시인 사람에게 야간 보행을 지원해 안전한 거리 만들기에 공헌할 수 있다고 생각된다.

그림 2.4.27 LED 점자 블록의 설치 예

그림 2.4.28 LED라인 모양 블록

그림 2.4.29 LED 점 모양 블록

3-8. 이동 물체 분야

(1) 자동차

자동차 분야의 LED 응용에 대해서는 자동차용 광원의 「省에너지화, 리사이클 화, 장수명화」와 같은 시대적 요청에 부응하기 위해, 하이마운트 스톱 램프나 Instrument Panel의 각종 미터 류의 백라이트 등, 그다지 많은 광량을 필요로 하지 않는 용도를 중심으로 적용되었다. 또한 최근에는 Rear combination 램프에 LED가 탑재되는 차종도 늘고 있다.

또한 백색 LED의 광량이 증가하고 있어, Map Lamp나 차량 탑재용 독서등과 같은 조명용도 (어느 정도의 광량이 필요한 용도)에도 LED가 적용되는 경우가 있다. 앞으로는 더욱 고 출력 화·고 효율 화 기술의 진전으로 헤드램프에 LED가 적용되는 날이 올 것이라고 기대하고 있다.

현재 개발이 진행되고 있는 백색 LED를 탑재한 헤드램프를 그림 1.5.46에 나타낸다. 헤드램프용으로 개발된 고신뢰성 백색 LED를 로우빔으로 10개 탑재 (소비전력 10W)해 등기구 광속 900lm을 확보하고 있다.

또한, 보라색 LED와 광촉매를 조합시킴으로써 탈취성능을 갖는 「광 탈취 공기청정기」도 실용화되어, 차량 탑재용 뿐 만 아니라 여러 가지 용도로 전개될 전망이다.

그림 2.4.30 계기판의 각종 미터 류

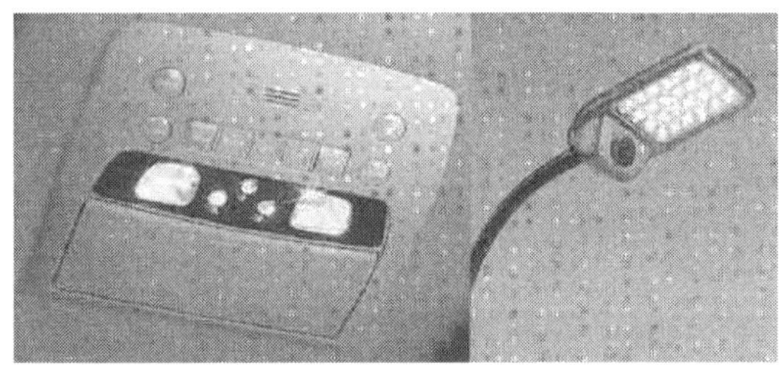

그림 2.4.31 Map 램프(좌)와 독서등(우)

그림 2.4.32 헤드램프

그림 2.4.33 공기청정기

(2) 철도차량

자동차, 철도차량, 항공기, 선박 등의 이동체로의 응용은 하기와 같이 LED의 특성을 살릴 수 있기 때문에 일반 조명 보다 먼저 응용 전개가 기대를 받는 분야이다.

● LED 응용의 장점

① 진동에 대해 강하다 → Maintenance 비용의 대폭 삭감

② 수명이 길다 → 상동

③ 배광제어가 용이 → 조사 면에 대한 조명 율이 양호, 또한 눈부심 절감 등 공헌

④ 소형 → 책장과 같은 한정된 공간에도 편입가능

⑤ 경량 → 차체 중량의 경감을 통한 운행 시 에너지 소비량 절감

그림 2.4.34는 특급차량의 선반 아래에 좌우 각 2열, 총 4열의 라인 조명을 설치한 실시예로 돔형 천정의 형광등에 의한 간접조명과 함께 객석에서 300lx 이상의 조도를 나타낸다.

그림 2.4.34 철도/항공기 응용 사례

3-9. Sign · Display 분야

(1) 사인분야

LED의 에너지 절약성이나 Maintenance 절감에 주목해 네온 대체의 새로운 광

원으로서 LED 사용이 진행되고 있다. 대표적인 용도로서 사인 문자로의 응용을 들 수 있으며, 크게 나눠 금속 채널 문자의 내부에 LED 모듈을 설치하는 것이나 특수 수지 안에 포탄 형 LED를 매입, 확산시키는 문자 타입, LED 자체를 확실하게 보이게 하는 타입 등이 있다.

그림 2.4.35 사인 문자 응용 예

● 금속 채널 타입

금속 채널 문자의 내부에 LED 모듈을 넣는 타입에는 분자 표면 (정면)을 발광시키는 타입, 벽면을 비춰 백라이트 효과를 기대하는 타입, 정면과 이면을 동시에 발광시키는 것 등이 있다.

그림 2.4.36 문자 표면 (정면)을 발광시키는 타입.

그림 2.4.37 벽면을 비춰 백라이트 효과를 기대하는 타입.

그림 2.4.38 정면과 이면을 동시에 발광시키는 타입.

채널 문자로의 응용은 문자 표면에 어떤 색의 아크릴판을 사용하는가에 따라 내부에 넣은 LED의 색이 결정된다. 일반적으로는 붉은 아크릴판을 표면에 사용할 경우는 적색 LED를 사용하고, 파란 아크릴판을 표면에 사용할 경우에는 청색 LED를 사용한다. 아크릴과 LED 선택을 잘못하면 LED 빛이 가지고 있는 파장특성에 따라 문자 발광의 밝기를 생각했던 것 보다 얻지 못하는 경우가 있다.

제3절 조명 (Lamp)

1. 조명과 색채

1-1. 색채 공학

Newton 이후에도 많은 학자들에 의해서 색채를 연구하고 분류한 학자가 있는데, 그 중에서도 미국의 Munsell 의 업적은 매우 크다. 그는 1913년에 유명한 Munsell color system을 완성하여 각 색채에 대하여 중심파장, 광도, 순도 등을 색명, 명도, 채도의 3가지 속성에 의거하여 분류하였다. 이어서 몇 년 뒤에 독일의 화학자 Ostwald은 색채를 purity, whiteness, blackness 등을 사용하여 정밀 분석하였다. 그의 주장은 1931년 국제조명학회(International Commission on Illumination)에서 채택되었고, 1964년에 1차 보완되었다. 여기서는 기본적으로 적색, 녹색, 청색을 바탕으로 하여 모든 색을 규명하였다. 이를 바탕으로 색채는 예술, 과학, 생활의 매우 다양한 영역에서 폭넓게 기능하게 되었다. 따라서 이러한 색채를 과학적으로 취급하는 색채학은 크게 물리학과 심리학 그리고 생리학적 지식에 의해 성립되며, 기타 다방면의 학문적 이해가 요구되는 학제적 학문이라 할 수 있다.

1-1-1. 색의 정의

색의 정의에 대해서는 색채학자들 사이에 많은 논란이 있다. 색은 광학적인 현상이라는 물리학적 견해, 색은 물질이라는 화학적 입장에서의 해석, 그리고 색은 눈을 통한 감각과 지각 현상이라는 생물학적 견해, 그리고 심리적인 것이라는 견해가 있다.

(1) **물리학적 견해**

색은 광학적 현상이라는 물리학적인 견해에서는 색 자체는 빛이라는 주장이다. 시각을 통하여 사물을 지각할 수 있음은 빛이 있기 때문이며, 또 빛이 있기 때문에 느껴지는 사물의 색채를 인지할 수 있다고 본다. 따라서 물체 그 자체에 색채가 있는 것이 아니고 물체에 빛이 비쳤을 때 태양광이 지니고 있는 스펙트럼에 나타나는 7가지의 빛 중에서 일부는 투과, 흡수되고 남은 빛이 반사되기 때문에 반사되는 빛의 성분에 따라서 그 물체가 색을 지니게 되는 현상이라고 본다.

(2) **화학적 견해**

색광(color light), 스펙트럼 등에 나타나는 색을 보면 색은 빛이라는 견해를 타당하게 수긍할 수 있기도 하지만, 한편으로 안료나 도료 또는 염료 등을 백지 위에다 놓고 드려다 보면 색채는 빛이라는 물리학적 견해보다는 오히려 안료나 염료 등의 질료에 의한 것이라는 화학적인 견해가 한층 합리성을 띄고 있다는 주장이다.

(3) **생물학적 견해**

위에서 말한 색은 빛 또는 물질이라는 견해와는 달리, 빛이 없는 꿈속에서 색이 보인다든가 눈을 감았을 때 예기치도 않았던 색채가 보이게 되는 경우가 있다. 또 어떤 색을 본 후에 이와 반대되는 색이 보이게 되는 또 하나의 현상이 있다. 즉 백지위에 적색의 작은 종이를 놓고 30초가량 들여다 본 후에 시선을 옮겨 다른 백지 위를 보면 그곳에 적색에 반대되는 청록색이 나타나 보인다. 특히 이러한 현상을 보색잔상이라고 하는데, 이는 다른 색에 있어서도 마찬가지의 현상이 나타난다. 이처럼 색에 대한 감각은 오르지 눈의 망막에 의한 생리적인 작용에 바탕을 둔 것이라는 견해이다.

(4) 심리학적인 견해

색은 우리들의 시각을 통해서만 감지될 수 있으며, 눈을 통하지 않고서는 색을 볼 수 없다는 일반론에 반하여, 또 하나의 주장은 인간의 정신 기재의 작용과 상태에 의한다는 심리학적인 견해가 있다. 장시간 동안 앉아서 얘기하다가 나온 실내의 색을 새삼스럽게 상기하려면 어려운 경우가 있다. 그러나 실제로 그 방의 벽이나 천정 등의 색이 자기의 안구를 통하여 망막에 비쳐졌을 것임에 틀림없는 사실임에도 이를 쉬 기억하거나 상기해내지 못한다는 사실은 이에 대한 의욕이나 동기를 불러일으키지 못하는 개인의 심리상태에 의거하는 지각의식을 중요시 않을 수 없다는 주장이 곧 심리학적인 견해이다.

그러면 과연 색이란 무엇인가? 여러 견해에도 불구하고 그 어느 것 하나만으로 충분한 입장을 견지하지 못하는 결론에 이르게 된다. 빛이 없으면 색을 볼 수 없다는 물리학적인 견해, 색은 색소라는 물질이라는 화학적인 견해, 또는 빛이나 물질이라는 요인이 없는데도 생리적인 기재에 의거한 색은 발현현상 및 엄연한 색의 존재가치를 등한시하는 심리적인 상황에 의거한 색의 지각 등 어느 것 하나도 빠뜨릴 수 없는 종합적인 체계를 이룩하고 있는 것이 곧 오늘날의 견해인 것이다. 즉 색의 요소를 가진 빛이 분산되어 우리의 눈을 통하여 망막에 비쳤을 때, 이에 부수되는 신경작용의 감각에 의하여 비로소 색을 감지할 수 있는 것이다. 따라서 색은 빛의 자극으로 생기는 감각의 일종이라는 것이 오늘날의 견해라 할 수 있다.

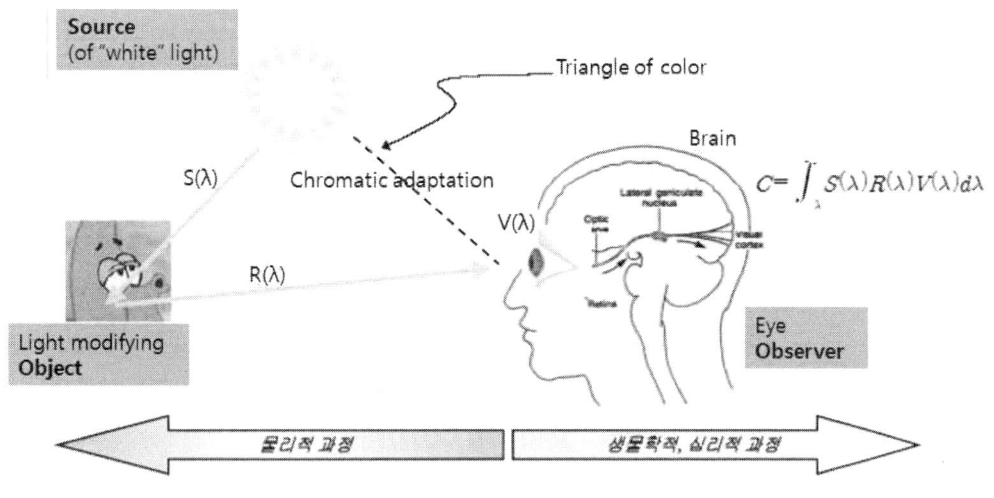

그림 3.1.1 색인지 과정

1-1-2. 색의 표시법

색채의 종류는 무수하지만 우리가 기억하고 있는 고작 수십 종류에 지나지 않는다. 그러나 우리의 눈은 두 가지 색을 나란히 놓고, 양쪽이 같은 색인가 다른 색인가 하는 식별판단은 매우 예민하게 분간할 수 있다. 이 식별능력을 기초로 해서 분간할 수 있는 색의 수를 계산하면 거의 1,000만이라는 방대한 수에 이른다. 예를 들면 무지개의 색도 식별능력으로 나누면 약 130종류나 된다. 이와 같이 방대한 색의 수를 분류하는 데는 일일이 색명을 붙일 수 없으므로 과학적 표색방법으로 색 입체를 사용한다. 색입체는 물체의 색이 감각적으로 색상(Hue), 채도(Chroma / Saturation), 명도(Value)의 3속성을 지니고 있는 데 착안하여 중심축에 검정·흰색의 무채색 계열이 배열되고, 축 둘레의 꼭지 점들에는 빨강·노랑·녹색·파랑 등의 색상이 배치되어 있다. 또 중심축에서 다면체 주변으로 향하는 가로축에 채도가 표시되어 있다. 이렇게 물체표준으로서의 색표를 입체적으로 배열한 표색방법에는 Musell 표색계 · CIE 표색계(국제조명위원회 표색계)가 흔히 쓰이며, 이들은 한국산업규격(KS)에서도 채용되고 있다.

(1) 먼셀 표색계

색상(H), 명도(V), 채도(C)의 3속성을 이용하여 색을 HV/C의 형태로 나타낸다. 색상을 R(빨강) · YR(주황) · Y(노랑) · GY(연두) · G(녹색) · BG(청록) · B(파랑) · PB(남색) · P(보라) · RP(자주)의 10종류로 나누어 원주 상에 등 간격으로 배치하고, 다시 한 기호의 범위를 10으로 분할하여 1에서 10까지의 번호를 매긴다. 예를 들면 5R는 빨강의 중앙에 위치하는 대표적인 빨간 색상을 의미한다. 명도는 순백을 V = 10으로, 순흑을 V = 0으로 하고, 그 사이를 밝기 감각에 따라 1, 2, ···, 9 등으로 분할한다. 채도는 색감의 정도를 무채색 C = 0에서 시작하여 C = 1, 2, 3, ···으로 구분한다. 예를 들면 순수한 빨강은 H = 5R, V = 4, C = 14로 5R 4/14로 표시된다. 또 밝은 회색은 H와 C가 없고 V가 8로 /V8로 표시된다. 먼셀표색계는 알기 쉽고 다루기 쉬우므로 널리 이용되며, 특히 도색·염색 등의 기술에 사용된다.

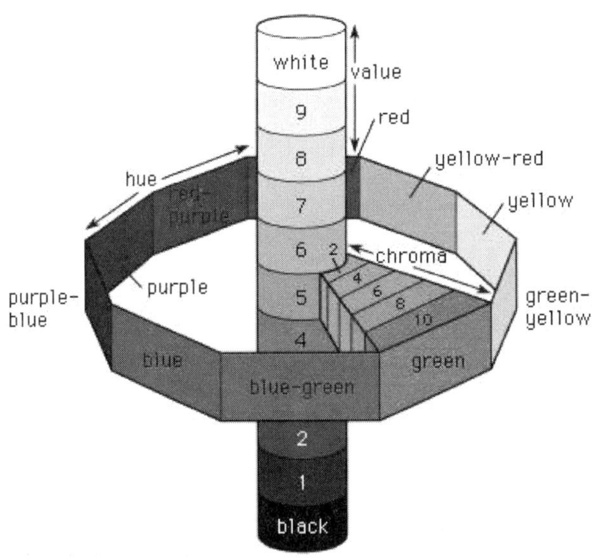

그림 3.1.2 색상, 명도, 채도로 나타낸 Munsell의 색 입체

(2) CIE표색계

색을 xyY의 형태로 표현한다. xy는 한 조로서 색도좌표를 나타내며 색상과 채도를 조합한 성질을 뜻하고 Y는 색의 명도를 나타낸다. 이 표색계는 색의 심리물리학에 입각하는 것으로, 색지각을 만드는 빛의 스펙트럼 특성을 물리적으로 측정하고, 세밀한 계산을 거쳐 xyY가 구해진다. 그러나 실제로는 정확하고 편리한 색채계가 있어, 간단한 조작에 의해서 상세한 xyY의 값이 구해진다. 이 세 표색계 중에서 CIE계는 가장 과학적이며 표색의 기본으로 되어 있는데, 주로 광원이나 컬러텔레비전의 기술에 사용된다.

● 이론적 배경 :

- Grassman의 혼색 제1법칙 : 모든 색은 세 종류의 서로 다른 광의 광량을 적절하게 조절하여 혼합함으로 만들 수 있다.
- Grassman의 혼색 제2법칙 : 동일한 색으로 지각되는 두 혼합색광을 혼색시 각각의 물리적인 특성(예,파장)에 관계없이 동일한 색으로 보일 수 있다. 이는 조건 등색 법칙이라고도 함.
- Grassman의 혼색 제3법칙 : 혼합 색광의 한 성분의 색광의 광량을 증가시키거나 감소시키면, 혼합색광도 이에 상응하여 변화한다. 이는 가산성 법칙이라고도 함.

● CIE XYZ 표색계 :

- 수학적으로 취급이 용이하기 때문에 편이적으로 RGB 색표시계를 수학적으로 변환하여 RGB 색표시계의 색도 좌표의 단점인 r(λ)의 negative영역으로 인한 색도 좌표 계산의 불편함을 없애기 위해 r(λ)의 negative 영역이 없도록 color matching funtion을 수학적으로 변환.

- 등색함수: $\bar{x}$: 빨강, $\bar{y}$: 초록, $\bar{z}$: 파랑

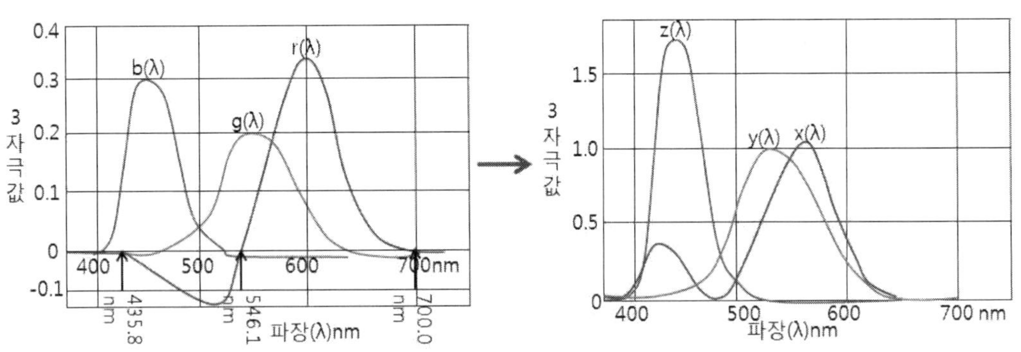

그림 3.1.3 RGB표색계로 부터 XYZ표색계의 등색 함수 변환

- 색자극 관계(3자극치): B(λ)광원분광분포, R(λ)반사율분포

$$X = k\int_{380nm}^{780nm} B(\lambda)\cdot R(\lambda)\cdot \bar{x}(\lambda)\cdot d\lambda$$

$$Y = k\int_{380nm}^{780nm} B(\lambda)\cdot R(\lambda)\cdot \bar{y}(\lambda)\cdot d\lambda$$

$$Z = k\int_{380nm}^{780nm} B(\lambda)\cdot R(\lambda)\cdot \bar{z}(\lambda)\cdot d\lambda$$

여기서
$$k = \frac{100}{\int_{380nm}^{780nm} B(\lambda)\cdot \bar{y}(\lambda)\cdot d\lambda}$$

- 색도좌표(chromaticty coordinate): 3자극치 비(ratio)로 정의하고 소문자 x, y, z로 표기

$$x = \frac{X}{X+Y+Z};\quad y = \frac{Y}{X+Y+Z};\quad z = \frac{Z}{X+Y+Z}$$

- 색차

  - 사람이 느끼는 색차의 정도를 나타내는 색죄표 계

    (1976년 CIE 권장) → L*a*b*계, L*u*v*계

    L*a*b*계 : 옷감 등의 수광체에 적용

    L*u*v*계 : 표시소자 같은 발광체에 적용

  - 화질평가에서 중요 요소 :

    화면밝기 차이(brightness difference), 명암대비(contrast ratio)

  - 색차(⊿Euv*) : 밝기차이와 명암대비가 다른 두 표시소자의 화질, 선명도판단에 이용.

$$\varDelta Euv^* = \sqrt{(\Delta L^*)^2 + (\Delta u^*)^2 + (\Delta v^*)^2}$$

1-2. 조명의 색 특성

사과, 갈색 맥주 등과 같이 우리는 물체에 색(물체색)이 있다고 느낀다. 이것은 빛이 물체에서 반사하거나 물체를 투과할 때 그 물체의 특유한 스펙트럼 특성에 의해 변화를 받기 때문이다. 사과의 경우는 빨강이나 귤색 파장을 잘 반사하지만, 노랑 이하의 짧은 파장의 빛을 거의 흡수하므로 반사광이 빨강이 된다. 맥주의 경우는 녹색보다 긴 파장을 많이 투과시키지만, 청록 이하의 짧은 파장은 흡수하므로 투과광이 갈색이 된다. 이와 같이 물체색은 반사 또는 투과에 대해 그 물체가 가지는 스펙트럼 특성에 의해 결정된다. 색은 연상을 수반하는데, 그 연상이 지역적으로 공통성을 지니고 전통과 결부되면 어떤 관습이 생겨 지역이나 민족에 따라 특수한 것으로 고착한다. 보라는 많은 나라에서 고귀한 색으로 여겨지지만, 브라질이나 인도에서는 슬픔을 뜻하며, 브라질에서는 보라와 노랑의 배색은 재수가 없는

것으로 여긴다. 또 흰색은 인도에서는 신성한 색으로 여기지만 중국이나 한국에서는 상사의 색이고, 흰 담은 불길한 것으로 생각한다. 또한 녹색은 많은 나라에서 평화·젊음의 상징이지만, 미국 동부에서는 녹색 차양은 장의사를 뜻한다.

1-2-1. 색체 조절

목적과 기능에 합치된 미적 효과를 얻기 위하여, 복수의 색채를 의식적으로 짜서 맞추는 것을 배색이라 한다. 일상생활에서 색채에 대하여는 아름다운 색, 추한 색 등으로 표현되어 개개의 색채에는 고유성이 있는 것 같으나, 실제로는 그 색채 독자성에 의하여 지각되는 것보다도, 통상 그 색과 인접한 ·색과의 관계에 의하여 결정되는 경우가 많다. 색채가 효과적이냐 아니냐는 그 배합에 의하여 결정되며, 조형미적인 효과와 같이, 배색이 목적 · 기능에 따라서 프로덕트·건축·그래픽 디자인 등에서 중요시되는 이유가 여기에 있다. 일반적으로 배색은 개인 또는 그룹의 기호도에 영향을 받는다. 배색을 효과적으로 하기 위해서는 색채심리를 분석하여 단순히 기호도나 개인의 직감성에만 의존하지 말고, 색채이론·기능성에 입각한 사고를 진전시키는 일이 필요하다. 어떤 목적에 의한 색의 기능적 사용과 환경에 따른 계획적인 채색을 말하며, 색채관리·색채조화 등도 이에 포함된다. 색채조절은 심리학 · 생리학 · 색채학 · 조명학 · 미학 등에 근거를 두고 색을 과학적으로 선택하는 것이다.

● 색채가 보이는 법

우리는 일상 몇 가지의 색을 동시에 보게 되는데, 이럴 경우 몇 가지의 색이 상호작용을 하므로 1가지의 색을 볼 때와는 다른 현상이 일어난다. 그 대표적인 것이 대비 현상이다. 색채의 대비는 2개 이상의 색을 동시에 보거나 계속해서 볼 때 일어나는 현상으로 전자를 '동시대비', 후자를 '계속대비'라 한다. 이때 제시되는 색은 서로 영향을 미치며 각기 지니고 있는 색의 특성을 더욱더 강조하는 경향이 생긴다. 색에는 색상 · 명도 · 채도의 3가지 속성이 있으며, 이에 따라, 색상대비·명도대비·채도대비의 3가지 대비를 생각할 수 있다. 이를테면, 흑색 속의 백색과 회색 속의 백색은 같은 백색이지만 흑색 속의 백색이 더 희게 보이며(명도대비), 적색과 녹색을 동시에 보면 두 색이 각각 더 선명하게 보인다(색상대비). 그러나 우리가 일상적으로 색을 보는 경우에는 위의 3가지 대비가 공존하는 일이 많다. 먼 거리에서 더 잘 보이게 하거나 뚜렷하게 보이도록 해야 할 때가 있는데, 그럴 경우에는, 배경과 그 앞에 놓이는 그림의 속성차를 크게 해야 한다. 일반적으로 배경색과 그림색의 속성이 다르면 다를수록 그림은 명확하게 인지되고, 멀리서도 잘 보인다. 색의 대비 중 이와 같은 현상에 가장 영향을 미치는 것은 명도대비이며 그 다음이 색상대비, 채도대비의 순이다. 특히, 멀리서도 잘 보여야 하는 표지류 등은 대비 량이 큰 색을 사용한다. 색이 우리 눈에 보이는 현상으로는 이 밖에도 잔상색·순응색 등이 있다. 흰 종이 위에 빨간 종이를 놓고 잠깐 동안 주시한 다음 빨간 종이를 없애면, 흰 종이 위에 빨간 청록색이 보인다. 이것이 이른바 보색잔상으로서 비교적 밝은 면에서 잔상을 관찰했을 때 나타나는 현상이다. 그러나 암흑 속이나 백광색의 자극을 받을 때는 매우 복잡한 양상을 띤다. 또, 어떤 색을 계속 응시하면, 시간의 경과에 따라 그 색의 보이는 상태가 변화한다.

● 색채의 작용

외관상의 판단에 미치는 색채의 영향과 색채의 미적효과에 관한 것 2가지로 대별된다. 전자로는 온도감 · 무게 · 크기 · 거리 등의 판단에 미치는 색채의 영향을, 후자로는 색채의 조화 · 선호 · 감정효과를 들 수 있다.

① 온도감과 색채

색채에는 따뜻한 느낌을 주는 것과 찬 느낌을 주는 것이 있는데 이것은 주로 색상과 관계가 있다. 적색 계통은 따뜻한 느낌을, 청색 계통은 찬 느낌을 준다. 텅스텐 전등 빛이 따뜻한 느낌을, 형광등빛이 찬 느낌을 주는 것도 이 때문이다.

② 무게의 판단과 색채

가장 큰 영향을 주는 색의 속성은 명도이다. 명도가 높은 색, 즉 밝은 색은 가벼운 느낌을, 명도가 낮은 색, 즉 어두운 색은 무거운 느낌을 준다.

③ 크기의 판단과 색채

명도가 크게 영향을 준다. 일반적으로 같은 크기라도 밝은 색으로 채색된 쪽이 더 크게 보인다. 자동차의 경우, 흑색 차는 더 작고 무겁게 느껴진다.

④ 거리의 판단과 색채

색상과 밝기가 영향을 준다. 2개의 색채자극이 등거리에 있는데도 서로 다른 거리에 있는 것처럼 보이는데, 가까이 보이는 것은 진출색, 멀리 보이는 것은 후퇴색이라 한다. 휘도가 높고 명도가 높은 색은 대개 가깝게 보이지만, 넓이가 커지면 이런 경향은 일치하지 않는다. 따라서 거리의 판단은 색상 · 밝기 · 넓이 등과 관련이 있다.

1-2-2. 색체 심리학

색채와 관련된 인간의 행동(반응)을 연구하는 심리학. 색채심리학에서는 색각의 문제로부터 색채에 대하여 가지는 인상·조화감 등에 이르는 여러 문제를 다룰 뿐만 아니라, 생리학·예술·디자인·건축 등과도 관계를 가진다. 특히, 색채가 어떠하며, 우리 눈에 그것이 어떻게 보이고, 어떤 느낌을 주는지는 색채심리학이 다루는 연구대상 중 가장 주요한 부분이다. 일상생활에서 색채에 대한 지식이 대단히 중요하면서도 쉽게 간과된다는 점이다. 색채는 상거래 및 인간의 정서에도 매우 큰 영향을 미친다. 색채와 정서와의 관계를 예로 들어보면 red, orange, yellow, brown hues은 "warm,"을 주는 반면에 blues, greens, grays 등은 "cold." 차가운 느낌을 준다. red, orange, yellow hues는 excitement, cheerfulness, stimulation, aggression의 감정을 주는 반면에 blues, greens는 security, calm, peace의 생각을 들게 한다. 그리고 browns, grays, blacks, sadness, depression, melancholy(침울)의 느낌을 갖게 한다. 그러나 이러한 일반적인 견해는 주관적인 것이기 때문에 사람에 따라서 다소 차이가 있을 수 있다는 점이다.

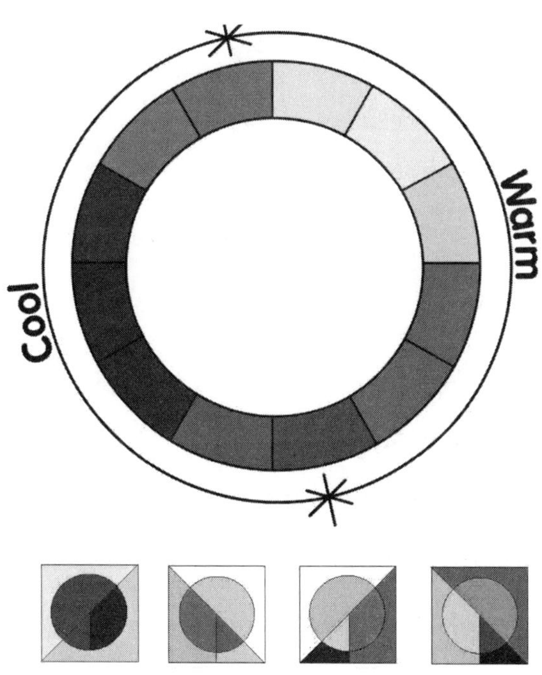

그림 3.1.4 색체 정서와 색순응

● 색순응

색이 보이는 양상은 상당히 복잡하여, 태양 아래에서는 흰색 천과 옅은 노랑 천은 분명히 구별되지만, 전등불 아래에서는 똑같이 흰색으로 보여 구별하기 어려운 경우가 있다. 극단적인 예를 들면, 사진암실의 빨강 안전광 아래에서는 흰색·노랑·빨강이 잘 구별되지 않고 빨강 잉크는 무색의 물처럼 보인다. 이러한 현상이 색순응인데, 이것은 한 장소의 주 조명을 이루고 있는 광원색에 눈이 익어서 그것과 똑같은 스펙트럼특성을 지니는 것을 무채색으로 느끼게 되기 때문에 일어난다. 정육점에서 고기를 넣어 두는 진열대 안만을 적색 광으로 조명하는 것은 효과적이지만, 만일 가게 전체를 적색 광으로 조명한다면 고기는 회색 덩어리로 보여 이상한 느낌을 줄 것이다. 이것은 색순응에 대해서 생각해야 할 하나의 예이다. 그러나 일반적으로 색순응은 우리의 생활을 편리하게 해준다. 태양 아래에서나 전등불 아래에서나 파란 종이는 똑같이 파랑으로 보인다. 만일 색순응이 없다면 전구조명에 의한 광경도 데이라이트 타입의 컬러사진으로 찍은 것처럼 파랑이 녹색으로 보일 것이다. 컬러사진에서는 이 경우 앰버색의 색수정 필터를 사용하지만, 눈은 항상 그 장소의 조명에 맞는 색수정 필터를 쓰는 것과 같은 메커니즘의 색순응을 한다. 그러나 형광등이나 수은등에서는 이것들의 스펙트럼 특성이 매우 복잡하기 때문에 눈의 색순응이 그 복잡성을 따라가지 못하고 있다. 그 결과 흰색 형광등에 의한 조명은 연분홍빛이 거무칙칙하게 보이는 연색의 문제가 생긴다. 이에 대응하여 연색성을 바로잡은 형광등은 자연색으로 보이도록 개선되었다. 도형에 대하여 착각이 있듯이, 색에도 착각이 있다. 같은 색이라도 배경을 흑색으로 하면 밝게 보이고, 적색으로 하면 청록색을 띠어 보인다. 이것은 대비효과라고 하는 현상인데, 피부색이 검은 사람은 어두운 색의 옷을 입고 얼굴색이 밝게 보이도록 하는 등으로 이용된다. 또한 색에 가느다란 흰색 줄무늬를 넣으면 그 색이 엷어져 보인다. 이것은 대비효과와 반대되는 현상으로 동화효과라고 불리는데, 줄무늬의 색이 바탕색에 스며드는 것과 같은 효과이다. 한 색에 줄무늬만을 써서 여러 색의 효과를 낼 수도 있다.

2. 조명 용어 및 단위

앞으로 계속적으로 접하게 될 조명용어 및 단위들을 소개하면 다음과 같다. 어떤 광원으로부터 모든 방향으로 방출되는 단위 시간 당 총 에너지를 사람의 눈이 감지하는 루멘으로 바꾼 양이 광속(luminous flux)이고 이 양을 광원의 면적으로 나누어주면 방출도(exitance)가 된다. 광원으로부터의 단위 고체 각 당 방출되는 광속은 광도(luminous intensity)가 된다. 일정한 방향에서 광도를 측정했을 때, 광도를 측정방향으로의 광원의 투영면적으로 나누어 준 값이 휘도(luminance)이다. 마지막으로, 광원으로부터 빛을 받고 있는 일정 면적을 가진 물체에 대해서, 이 물체의 단위면적 당 입사되는 광속이 발광조도(illuminance)이다. 따라서 [그림 1.4.1]에서 보여 지는 것과 같이 다음의 조명 변환 관계식들을 만날 수 있다.

$$
\begin{aligned}
\text{광속(lm)} &= \text{광도(cd)} \times \text{고체각(sr)}, \\
\therefore\ \text{광도(cd)} &= \text{광속(lm)/고체각(sr)} \\
\text{방출도(lm/m}^2\text{)} &= \text{광속(lm)/광원면적(m}^2\text{)}, \\
\therefore\ \text{광속(lm)} &= \text{방출도(lm/m2)*광원면적(m}^2\text{)} \\
\text{발광조도(lm/m2)} &= \text{광속(lm)/피사체면적(m}^2\text{)} \\
&= \text{광도(cd)/(피사체까지의 거리)}^2 \\
\text{휘도(cd/m2)} &= \text{광속(lm)/고체각(sr)/(광원의 투영면적(m}^2\text{))} \\
&= \text{광도(cd)/ (광원의 투영면적(m}^2\text{))}
\end{aligned}
$$

표 3.2.1 Radiometry vs. Photometry

구분	Flux	Angular Intensity	at a Surface	at a Source
Radiometry	Radiant flux ϕ [W]	Radiant intensity I [W/sr]	Irradiance E[W/㎡]	Radiance L [W/㎡•sr]
Photometry	Luminous flux 광속Φ_V [lm]	Luminous intensity 광도 I_V [lm/sr or cd]	Illuminance 조도 E_V [lm/㎡ or lx]	Luminance 휘도 L_V [cd/㎡]

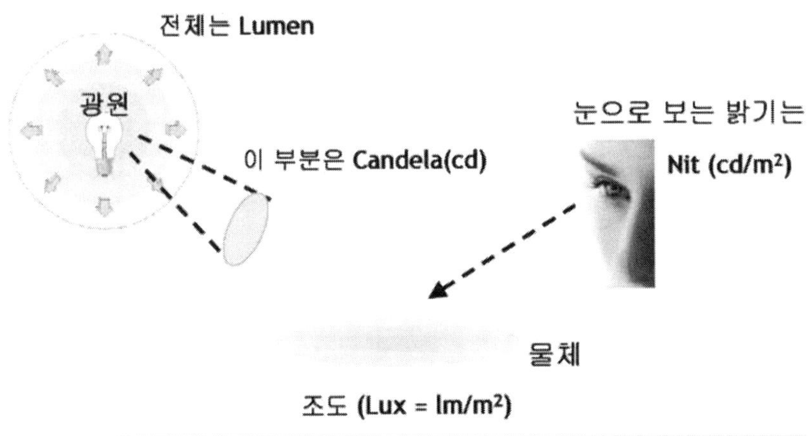

그림 3.2.1 조명 단위 변환

2-1. 고체 각(Solid angle)

측광학의 여러 용어를 정확히 이해하기 위해서는 고체각(sold angle)의 개념에 대해 정확히 알아야 한다. 이를 위해서 우리가 고등학교 때 배우는 2차원 평면에서의 각도(angle) 개념을 돌이켜 생각해 보자. 반지름이 r인 원의 원주의 길이는 $2\pi r$로 표현된다는 것을 우리는 잘 알고 있다. 원의 총 각도는 degree란 단위로 360° 라는 것도 잘 알고 있다. 그런데 라디안(radian)이란 각도 단위로 360° 는 $2\pi r/r=2\pi$ radian(rad)라고 정의된다. 즉 원의 전체 각도는 2π이다. 따라서 θ의 각도를 가지는 경우 이를 라디안으로 표현하면 이 각도에 의해서 형성되는 원주의 길이를 반지름으로 나누어주면 될 것이다.

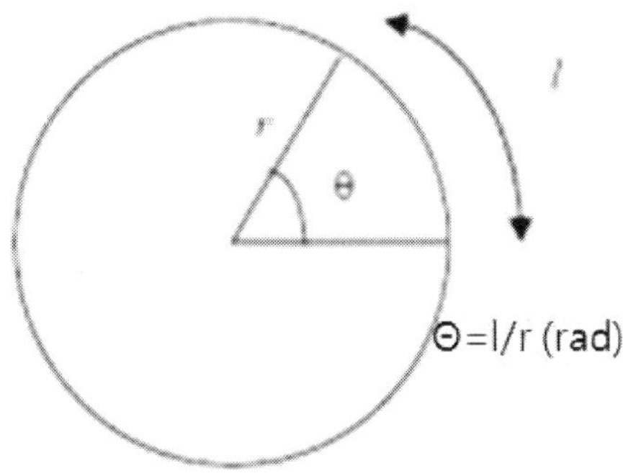

그림 3.2.2 원주의 중심각

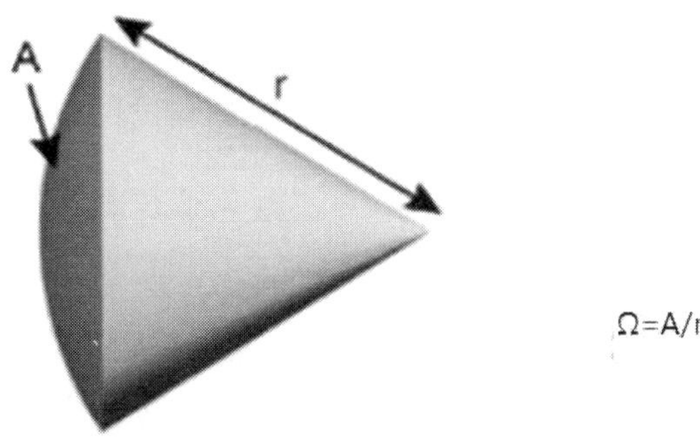

그림 3.2.3 Solid angle

고체각은 위의 이차원 각도를 삼차원으로 확대한 것이라고 보면 쉽게 이해된다. 이차원에서 어떤 원주길이에 대응되는 각도가 라디안 단위로 "원주길이/반지름"으로 정의되는 것처럼, 3차원에서 일정한 반지름을 가지고 있는 구(sphere)의 표면 위의 임의의 면적이 원점과 형성하는 고체 각은 그 면적을 반지름의 제곱으로 나누는 양으로 정의된다. [그림 3.2.2]를 보면, 반지름이 r인 구의 표면적 A에 대응되는 고체 각이 어떻게 정의되는지 잘 표현되어 있다. 가령 구가 가지는 총 고체 각은 얼마인가 계산해 보면, 구의 총 표면적이 $4\pi r^2$이므로 이를 r^2으로 나누면 4π라는 값이 나온다. 고체각의 단위는 steradian(sr)이란 단위를 사용한다. 따라서 3차원 공간에서 허용되는 가장 큰 고체 각은 4π sr이다.

2-2. 복사출력(Radiant flux)과 발광출력(광속 Luminous flux)

광원에서 단위시간(1초) 동안 방출되는 전자기파 에너지를 복사출력(radiant flux)이라고 한다. 단위는 와트(watt=joule/second, W=J/s)이다. 단위시간 당 사람의 눈이 느끼는 가시광선의 에너지는 발광출력 혹은 광속(luminous flux)라 하는데, 각 파장의 복사출력을 사람의 눈이 어떻게 받아들이는가에 의해 그 양이 결정된다. 파장에 따라 사람의 눈이 받아들이는 광속의 상대적인 비를 비시감도라고 하는데, [그림 3.2.4]는 각 파장별 비시감도(luminous efficiency)를 보여주고 있다. 눈의 비시감도는 밝은 대낮과 어두운 환경에서 다르게 나타나는데 각각을 photopic 및 scotopic 반응이라고 부른다. 특히, 디스플레이와 관련해서는 photopic 반응 곡선을 주로 다루게 된다. 이 결과는 1931년 CIE(국제조명위원회)에서 표준관측자들을 대상으로 한 실험에서 얻어진 것으로써 2도 시야라는 조건 하에서 구해진 것이다.

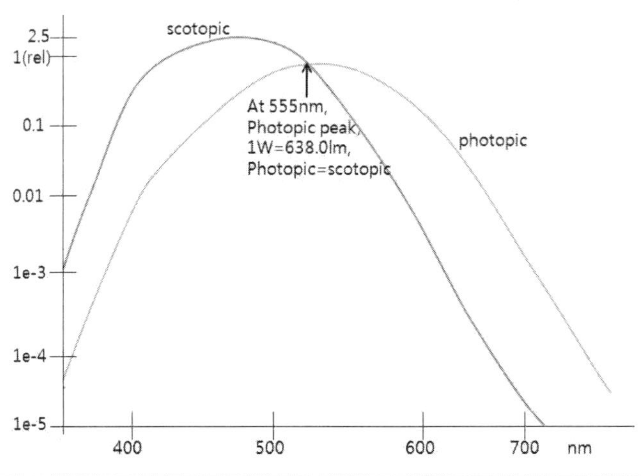

그림 3.2.4 파장별 비시감도

우선 루멘(lumen, 약자로 lm)에 대한 정의를 보도록 하자. 555 nm는 사람의 최대 시감도가 나타나는 파장으로써 1W의 555 nm 빛이 사람 눈에 들어오면 사람의 눈은 683 lm을 느낀다고 정의한다. 이런 맥락에서 555nm 파장의 빛은 683 lm/W의 발광효율을 가지고 있다고 말할 수 있다. 또 다른 예를 들면, 650 nm 파장의 빛 1W는 상기 [그림 3.2.4]에 의하면 사람의 눈을 통과하면서 73 lm으로 바뀌게 되며, 이 파장의 발광효율은 73 lm/W라고 할 수 있다. 이번에는 단색광이 아니라 형광등처럼 일정한 파장 분포를 가지는 스펙트럼을 지닌 백색광이 사람의 눈에 입사된다고 생각해 보자. 이 경우에는 스펙트럼 자체를 [그림 3.2.4]의 비시감도 곡선을 이용하여 파장별로 lm으로 바꾸어 합하는 과정이 필요하다. 입사광의 분광분포가 Q (λ라 하고 비시감도 곡선을 V(λ)라 하면 광속은 다음 식으로 표현된다.

$$\varphi_v(lm) = 683 \int V(\lambda)\ Q(\lambda)\ d\lambda$$

2-3. 방출도(Exitance)

방출도(exitance)란 광원으로부터 광원의 단위면적 당, 단위시간 당 방출되는 에너지로써, 복사 측정 학에서는 W/m^2의 단위를 사용하고 측광 학에서는 lm/m^2을 사용한다. 측광 학의 경우에 대해 방출도 M_v을 수식으로 표현해 보면 다음과 같다.

$$M_v = \varphi_e \ / \ A \ (lm/m^2) \ (A=\text{광원의 면적})$$

2-4. 복사조도(Irradiance) 및 발광조도(Illuminance)

복사 측정 학에서는 복사조도(irradiance)를 정의하는데, 이는 복사가 표면에 입사할 경우 단위면적에 입사되는 일률 혹은 복사출력을 말한다. 광원의 표면으로부터의 방출도를 정의한 것과 같은 맥락으로써 단위는 W/m^2이다. 측광 학에서는 동일한 맥락에서 발광조도(illuminance)를 사용하는데, 단위는 lm/m^2를 사용하지만 이를 lux(lx)라는 단위로 대체해서 사용하는 것이 더 일반적이다. 정리하자면, 방출도는 광원의 입장에서 광원의 단위면적당 방출되는 광속의 양이고, 발광조도는 빛을 받는 대상의 입장에서 대상의 단위 면적당 입사되는 광속의 양을 얘기한다. 예를 들어 천장에 달려 있는 형광등에서 면적이 $0.5m^2$인 책상 위 전체 면적으로 10 lm의 빛을 보낸다고 하면 책상 위의 발광조도는 10/0.5=20 lx가 된다.

2-5. 복사강도(Radiant intensity)와 발광강도(광도 Luminous intensity)

2-2번 항목에서 정의한 복사출력, 발광출력(광속)은 방출되는 고체각과는 무관하게 정의된 양들이다. 만약 단위 고체각 당 방출되는 복사출력, 발광출력을 정의하면 이들은 각각 복사강도(radiant intensity)와 발광강도(광도, luminous intensity)라는 이름을 가진다. 복사강도는 단위 고체 각 당 복사출력으로써 단위는 W/sr이고, 광도는 단위 고체 각 당 광속으로써 단위는 lm/sr인데 이는 칸델라(candela, 약어로는 cd)라는 약칭으로 불린다.

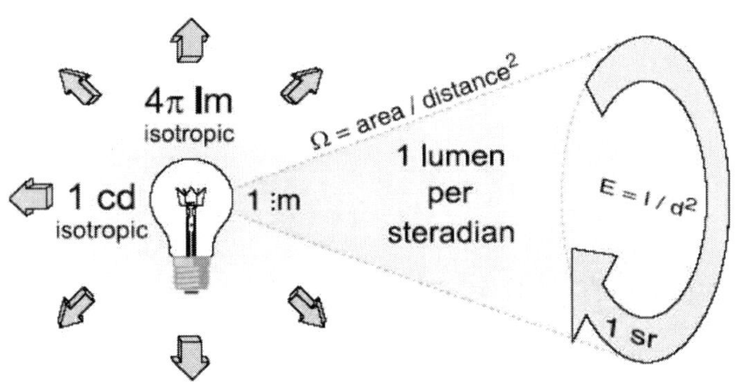

그림 3.2.5 균일 복사 강도

백열전구가 [그림 3.2.5]과 같이 빛을 모든 방향으로 동일하게 1 cd 방출하고 있다고 하면,

(1) 광속 : (광도)*(총 고체 각)이므로 (1 cd)*(4π sr)=4 lm이 된다.

(2) 발광조도 : 1m 떨어진 지점에 면적이 1m2인 원이 있다고 하면, 이 원이 만들어 내는 고체 각은 $A/r^2=(1\ m^2)/(1\ m)^2=1$ sr이므로, 1cd의 광도를 가지고 있는 광원은 1sr에 1lm의 광속을 발산한다. 따라서 발광조도는 $(1\ lm)/(1\ m^2)$ =1 lx이다. 또한 2m 떨어진 지점에서는 1 sr의 단위 고체 각을 만들려면 면적은 $4m^2$이 되어야 하기 때문에 발광조도는 0.25 lx가 된다. 따라서 발광조도는 광원으로부터의 거리의 제곱에 반비례하는 특성을 가지게 된다.

2-6. 복사도(Radiance)와 발광도(휘도, Luminance)

일정한 면적을 가지고 빛을 방출하는 광원에 대해 단위 고체 각 당, 광원의 단위 투영면적당 방출되는 복사출력 및 광속을 각각 복사도(radiance) 및 휘도(luminance)라고 부른다. 단위는 각각 $W/sr/m^2$ 및 $lm/sr/m^2=cd/m^2$=nit이 될 것이다.

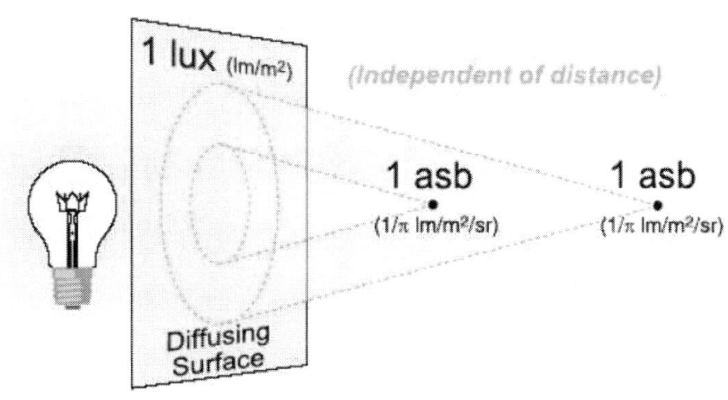

그림 3.2.6 복사도

[그림 3.2.6]와 같이 확산판을 이용하여 백열전구를 넓게 퍼져서 발광하는 광원으로 바꾸었다고 하면, 이 확산광원의 표면에 대해 수직인 방향에서 일정한 거리만큼 떨어진 상태에서 광도 I_v를 가지고 있는 일정한 면적 A를 바라보면서 측정되는

광원의 휘도 L_v는 아래와 같이 정의된다. 단, 면적 A가 광원에서 측정위치 사이의 거리의 제곱에 비해 충분히 작다고 가정한다.

$$L_v = I_v / A \ (lm/sr/m^2=cd/m^2)$$

그런데 우리가 해당 면적을 수직인 방향이 아니라 광원 표면의 법선 방향에 대해 θ의 각도를 이루면서 비스듬히 바라보고 있다면 $A\cos\theta$의 투영면적을 가질 것이라 예상할 수 있다. 따라서 휘도는 다음과 같이 정의될 것이다.

$$L_v = I_v / A\cos\theta$$

이 휘도는 측정거리에 무관하게 일정하다. 왜냐하면, [그림 1.4.5]에서도 확인할 수 있는 것처럼, 거리가 멀어질수록 휘도계에 의해 sampling되는 면적이 거리의 제곱에 비례해서 커지지고 이것이 발광조도의 역제곱 특성을 상쇄하기 때문이다. 완전확산면의 정의는 확산면을 바라보는 방향에 관계없이 모든 방향으로의 휘도가 동일한 발광면을 의미한다. 하얀 종이나 보름달이 완전 확산면에 가깝다. 완전 확산면은 보통 "lambertian 분포"라고도 불린다. 완전확산면의 광도는 위 식으로부터

$$I_v = L_v A\cos\theta$$

로 쓸 수 있다. 휘도는 디스플레이나 일정한 면적을 가지는 광원의 밝기를 나타내는 양으로, 디스플레이 제품의 카타로그 상에 스펙으로 제시되어 있다. 가령 LCD 모니터의 경우의 휘도는 약 250~300 nit 정도이고 TV의 경우는 400~500 nit 정도이다.

2-7. 균제도와 효율

균제도는 조명에서 조도에 의한 빛의 균일한 정도를 나타낸다. 일반적으로 인공조명의 경우 균제도 1/3을 적당한 수준으로 보는 반면, 측면 채광의 경우는 균제도 1/10이상을 요구한다. 균제도는 다음 식으로 표현할 수 있다.

$$균제도 = \frac{최저조도}{최대조도} \quad or \quad \frac{평균조도}{최대조도}$$

전구효율(발광효율), 조명 기구의 효율 및 조명률은 아래와 같이 표현된다.

F_L : 조명기구 방사광속 F_D : 직접광속 F_R : 간접광속(실내반사성분)
E [lx] : 피조면의 조도 S [m²] : 피조면의 면적

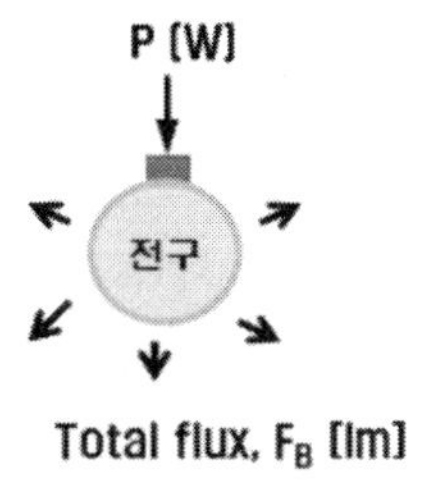

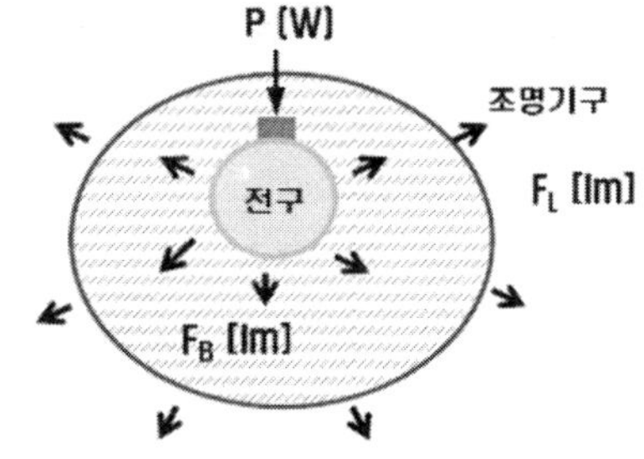

$$전구효율,\ \eta = \frac{F_B}{P}\ [lm/W] \qquad 조명기구효율,\ K = \frac{F_L}{F_B}$$

그림 3.2.7 전구효율(발광효율), 조명기구의 효율

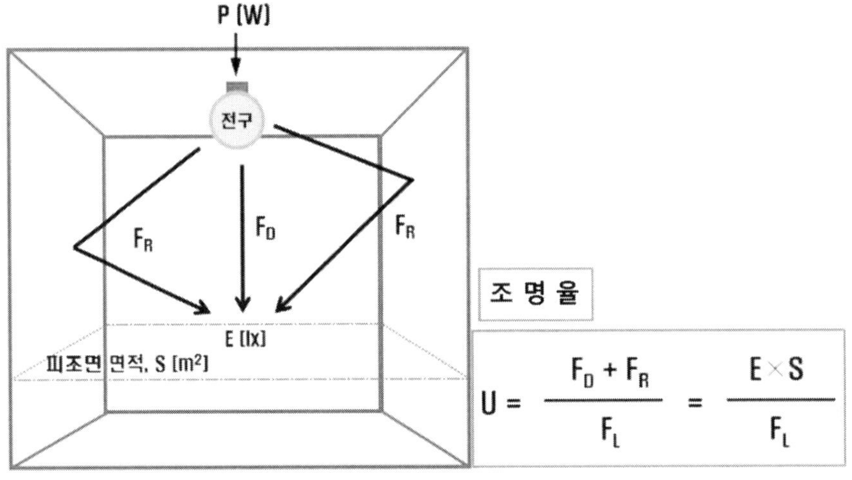

그림 3.2.8 조명률

2-8. 색온도

색온도는 빛의 색을 수치적으로 표현하는 방법으로 흑체가 방출하는 빛의 색을 기준으로 하고, 그 단위는 K로 표시한다.

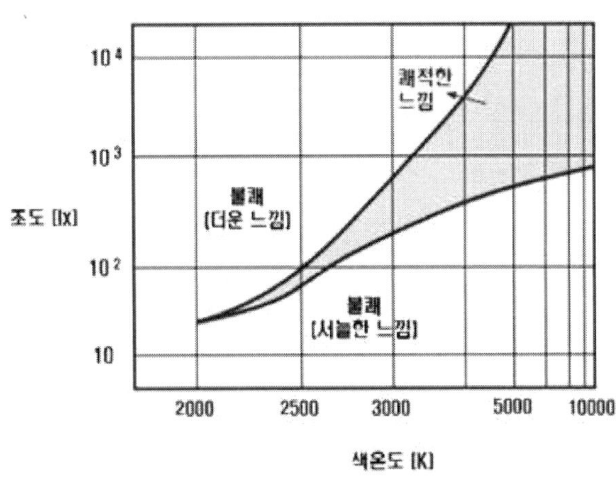

광원	색온도[K]
지표에서 본 태양	5450
지표에서 본 만월	4125
푸른 하늘(오전 9시)	12000
구름이 낀 하늘	7000
촛불	1930
백열전구(60W)	2830
할로겐전구(500W)	3060
형광램프(백색)	4500
형광램프(주광색)	6500
고압수은램프(400W)	5600

그림 3.2.9 색온도와 조도 관계 및 광원별 색온도

2-9. 연색성

연색성은 조명에 의해 물체의 색깔을 결정하는 광원의 성질로, 연색의 변화를 일으키는 요소로는 광원의 분광분포 변화가 있으며, 이때에는 그 광원으로 조명된 물체의 반사/투과된 빛의 보임이 달라짐을 의미한다. 또한 순응 후의 변화로 조명광원 자체의 색도 또는 이것으로 조명된 전체 시야 내의 물체들의 평균색도에 눈이 익숙해져 눈의 감도가 변하는 것이 있다. 연색 평가방법은 아래 KS 규격에 정리되어 있다.

표 3.2.2 연색평가방법 : KS A 0075(1974)

구분	평균연색평가수,Ra(8색)	특수연색평가수(7색)
시험색	7.5R 6/4	4.6R 4/13 Red
	5Y 6/4	5Y 8/10 Yellow
	5G 6/4	4.5G 5/18 Green
	2.5G 6/4	3PB 3/11 Blue
	10BG6/4	5YR 8/4 서양인의 피부색
	5PB 6/8	5GY 4/4 나뭇잎의 색
	2.5P 6/8	1YR 6/4 한국인의 피부색
	10P 6/8	

2-10. Glare와 Flicker

Glare(눈부심) : 조명도의 분포가 고르지 않아 발생하는 시각 반응을 어렵게 하거나 불쾌감을 느끼게 하는 상태를 나타낸다.

- 불쾌 Glare : 반드시 눈부심이 동반되지는 않으나, 대상물을 볼 때 불쾌감을 느낀다.

- 불능 Glare : 매우 밝은 광원으로 인해 일시적으로 시력이 저하되어 주위대상을 잘 보지 못하는 상태로 자동차 전조등에 의한 시력 저하가 대표적 사례이다.
- 반사 Glare : 광택이 있는 지면이나 물체를 볼 때, 광원의 빛이 반사하여 사진이나 문자 같은 것을 보기 힘든 상태를 나타낸다.

Flicker(명멸현상) : 빛의 깜박거리는 현상을 나타낸다.

- 명멸빈도가 초당 50회 이상이 되면 연속 광으로 보인다.
- 명멸빈도가 초당 40회 이하일 때 눈으로 Flicker 식별이 가능하다.
- 명멸빈도가 초당 5~15회이면 불쾌감이 발생한다.

$$\text{Flicker} = \frac{\text{최대광도} - \text{평균광도}}{\text{평균광도}} \times 100\ [\%]$$

3. 측광 이론

복사측정학(radiometry)이란 전자기파의 분광성분(파장별 intensity), 공간분포, 편광상태를 측정 하는 분야로써, 객관적인 물리적 양 (physical quantities)인 스펙트럼, 분광분포, 편광 등을 측정 대상으로 삼는다. 반면에 측광학(photometry)은 사람의 눈이 가지고 있는 전자기파 스펙트럼에 대한 반응(response)을 고려하여 복사 측정 학의 측정량들을 눈이 실제로 느끼는 빛에너지로 환산한 양들에 대해 다룬다. 따라서 사람의 뇌가 인지하는 정신적-물리적 양(psycho-physical quantities)에 대한 분야라고 얘기할 수 있다. 측광 1차 표준기는 시방에 따라 재현이 가능한 측광용 표준이나, 실제로는 근사적으로 원통형의 흑체전기로가 사용된다. 측광표준전구는 안정성과 재현성이 우수하고, 측광 량이 표시되고 있는 측광용 전구로, CIE 색도측정용 A광원에는 색온도 2,854K의 텅스텐전구가 지정되어 있다. 측광표준전구로는 전광속 측정용으로서 10~100W, 수평광도 측정용으로는 10~100 cd 등이 있다. 물리 측광용의 수광기로는 광전지, 광전관 및 광전증배관 등을 사용하며, 시감측광에 비하여 정도가 높으므로 최근의 측광은 거의 무리측광으로 하고 있다.

3-1. 배광 측정

조명기구에서 첫 번째로 중요시하는 기능은 배광이다. 조명을 설치한 장소의 전체적인 조명환경과 분위기를 결정하는 것은 조명기구의 배광에 따르기 때문이다. 배광은 배광 측정 장치를 이용하여 측정한다. 배광 측정 장치는 조명기구를 설치하여 임의의 방향으로 회전시킬 수 있는 장치인 고니오미터(goniometer)와 조명기구에서 나오는 빛의 광도를 측정하는 센서로 구성된다. 고니오미터에는 여러 가지 형식이 있으며 백열전구나 형광램프를 사용하는 조명기구의 경우 기구를 기울여 회전시켜도 램프광속이 변하지 않으므로 비교적 소형의 장치로 구성할 수 있으나, HID 램프를 사용하는 조명기구는 기울이면 램프광속이 변하여 곤란하므로 거울을 사용하는 대형의 장치가 된다. 광도는 점광원에서 나오는 빛을 가정한 것이므로 크기가 있는 광원의 배광을 가까이에서 측정하면 오차가 발생한다. 이를 방지하기 위해서 센서는 조명기구에서 조명기구의 발광면 최대길이의 5배 이상 떨어져야 하며, 이 경우 기구 크기에 의한 오차는 1%이하로 제한된다. 일반적인 조명기구의 경우 배광측정의 각도간격은 조명기구가 축대칭형태의 배광을 갖는 경우 수평각에 대해 90도 간격으로, 1면이나 2면 대칭배광의 경우 45도 간격, 비대칭배광의 경우 10도 간격으로 측정하고, 수직각에 대해서는 보통 10도 간격으로 측정한다.

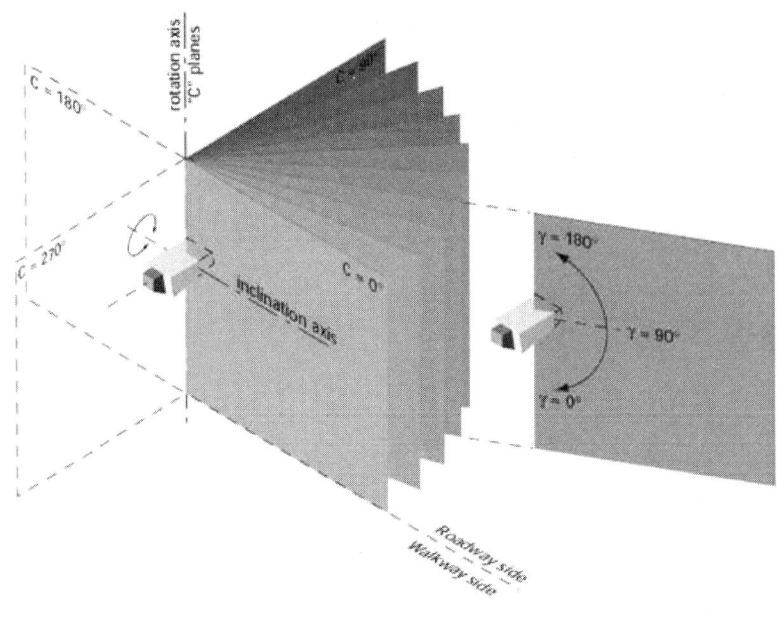

그림 3.3.1 배광 측정

배광을 측정하면 이를 이용하여 조명기구에서 나오는 광속의 양과 분포, 상향광속과 하향광속의 비율에 따른 조명기구의 분류, 기구의 효율, 조명률, 휘도, 눈부심 등급 등 광학적 특성을 모두 계산해 낼 수 있게 된다.

3-1-1. 배광 곡선

배광곡선은 조명기구의 배광을 이해하기 쉽게 그래프로 나타낸 것으로서, 일반적으로 광원의 중심을 통과하는 수직면 또는 수평면상의 광도를 각도에 따라 그리는 극좌표방식으로 표현된다. 수직면 위의 각 방향의 광도 분포를 표시하는 것이 수직 배광곡선이며, 수평면 위의 것을 수평배광곡선이라고 한다. 대개 배광곡선이라 하면 수직배광곡선을 말한다. 투광기나 스포트라이트와 같은 조명기구의 경우는 배광이 매우 좁게 나타나 극좌표광식의 그래프로는 그 배광을 구분하기 어려운 경우가 많다. 이러한 경우에는 가로축을 각도, 세로축을 광도로 하는 직각좌표계를 이용하여 배광을 나타내기도 한다. 또한 가로등과 같이 배광이 배우 복잡하여 극좌표계나 직각좌표계의 배광곡선으로 표현하기 어렵거나 배광의 형태를 하나의 그래프로 표현하고자 할 경우에는 등광도도를 이용한다. 이는 광도가 같은 방향의 점들을 이어서 등고선 형태로 나타낸 것이다.

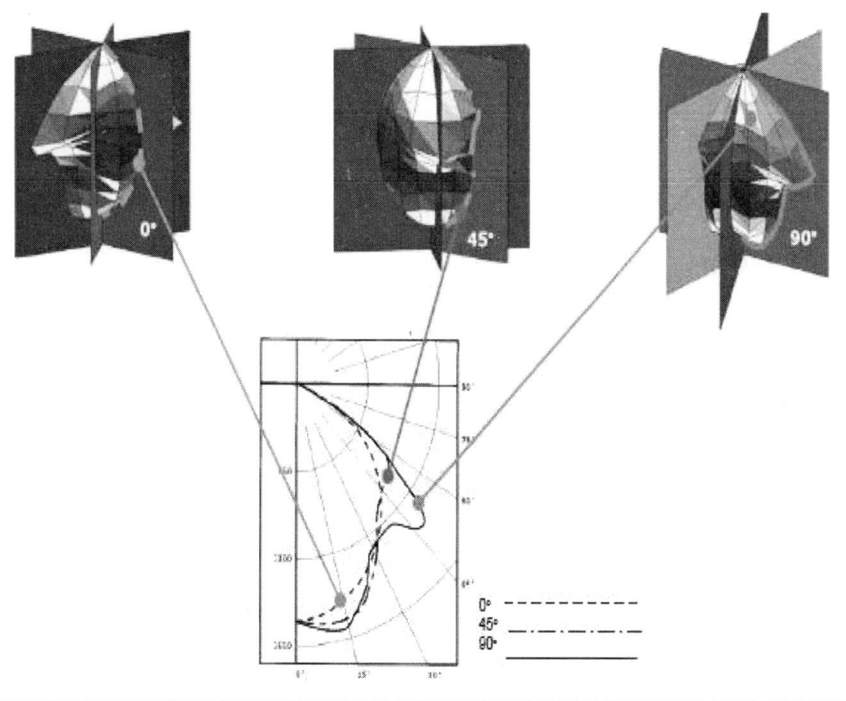

그림 3.3.2 배광곡선

3-2. 광도 측정

광도는 광도표준전구와 비교하여 구한다. 시감측정에서는 루머-브로듐 입방체에 의하여 측광되어 왔으나, 근래에는 물리 수광기를 사용하는 경우가 많다. 즉 수광기의 입사광속 대 출력 특성을 이용한 것으로 시험용 광원의 광도 I_t는 다음과 같이 된다.

$$I_t = I_s \times \frac{i_t}{i_s}$$

여기서 I_s : 측광표준전구의 광도[cd]

i_s : 측광표준전구를 점등할 경우의 수광기의 광전류[μA]

i_t : 위와 동일한 거리에서의 시험용 광원 점등 시의 광전류[μA]

광원의 광도측정에서는 광원의 분광분포가 같은 경우 이외는, 즉 분광분포가 다른 광원 사이에 비교하는 이색측광에서는 표준비시감도에 맞는 수광기를 사용하여 측정할 필요가 있다.

3-3. 광속 측정

구형 광속계는 구형 내면에 완전확산에 가까운 백색도료(MgO, ZnO, $BaSO_4$등)를 칠하고 구벽에 측광 창을 설치하여 젖빛유리를 넣는다. 광속계의 내부에 측광표준전구(전광속 측정용) 및 시험용 광원을 교대로 설치하고, 광원으로부터의 직사광이 측정 창에 도달되지 않도록 차광판을 설치한다. 구형 광속계의 지름은 광원의 크기와 종류에 따라서 다르며, 대체로 소형 전구용은 30cm, 자동차용 전구는 60cm, 일반 조명용 백열전구용은 1~1.5m, 형광램프용은 2.5~3.5m 정도이다. 근래에는 주로 물리 수광기를 측광 창에 붙이고 비교하려는 2개의 광원에 의하여 발생한 광전류의 비로부터 광속의 비를 구하는 방법을 주로 사용하고 있다. 시험용 광원의 광속 P_t 는 다음과 같다.

$$P_t = P_s \times \frac{i_t}{i_s}$$

여기서 P_s : 측광표준전구의 광속[lm],

i_s : 측광표준전구를 점등할 경우의 수광기의 광전류[μA]

i_t : 시험용 광원 점등 시의 광전류[μA]

3-4. 조도 측정

분광복사조도의 표준을 확립하는 방법은 두 가지로 첫째는 분광복사휘도(spectral radiance)표준을 근거로 하는 방법이고 둘째는 표준 광 검출기(ECR 혹은 자체 교정된 실리콘 광다이오드)를 근거로 하여 기하학적 요소(면적)를 고려하여 표준을 확립하는 방법이다. 광전지조도계는 광전지를 수광기로 하고 검류계로서 마이크로 암페어를 직렬로 접속하여 수광기면의 조도와 광전류의 관계를 조정하여 직접 조도눈금으로 하고 광전지의 분광감도를 표준비시감도에 맞도록 한 시감도 보정필터를 수광기에 부착시킨다. 측정범위는 10~300 lx 정도의 것이 많고, 고 조도를 측정하는 경우는 회색필터로 10배, 100배의 것을 수광면에 부착시킨다. 조도계는 다른 측광기에 비교하여 구조가 간단하고, 소형으로 만들 수 있어 휴대용으로 널리 사용되고 있다.

그림 3.3.3 조도측정기

3-4-1. 조도 계산

어떤 면에 빛이 도달하여 얻어지는 밝기는 조도로 나타낸다. 이때 입사하는 빛은 두 가지 성분, 즉 광원에서 출발하여 면에 직접 도달하는 직사광과 면과 면 사이의 상호반사에 의한 반사광으로 이루어지며, 각각의 성분에 의한 조도를 직접조도와 확산조도라고 한다. 직접조도는 등기구의 배광분포, 등기구와 빛을 받는 점 사이의 거리와 각도를 알면 역 제곱 법칙과 코사인법칙을 사용하여 비교적 용이하게 구할 수 있다. 그러나 면 사이의 상호 반사에 의한 확산조도는 직접조도에서 고려하는 요인 이외에 면의 형태, 배치 및 반사율에 영향을 받으며, 일반적으로 계산이 매우 복잡하다. 조명 설계에서는 직접조도와 확산조도를 모두 고려하여야 하며 확산조도의 계산을 간략하게 하기 위하여 광속 법을 사용한다.

(1) 점광원에 의한 직접조도계산

점광원으로부터 거리가 증가할수록 같은 광 에너지가 더 넓은 면적에 분배되며, 결과적으로 조도는 감소하게 된다. 이를 빛에 대한 역 제곱 법칙(inverse square law)라 하고, 점광원으로부터 r 만큼 떨어진 점의 조도(E)는

$$E = \frac{I}{r^2}$$

여기서 I : 광원의 그 방향으로의 광도[cd]

* **주의 사항** : 광원 최대크기보다 10배 이상이 되는 거리에서는 그 광원을 점광원으로 볼 수 있으며, 실용적으로는 5배 이상의 거리에서도 점광원으로 취급할 수 있다.

표면에 직각이 아닌 법선과 각도 θ를 이루며 입사하는 광속은 더 넓은 표면에 분배된다. 입사 광속의 입사각에 수직인 면의 넓이를 A, 바닥면이 만나는 면의 넓이를 B라 고 할 경우, 두 면적 사이에는 $A=B\cos\theta$ 인 관계가 성립한다. 조도는 입사 광속을 면적으로 나눈 것이므로 두 조도 사이의 관계 역시 이 코사인 법칙(cosine law)를 따르게 되어 $E_A=E_B\cos\theta$이 된다. 이 관계들을 정리하면 아래 [그림 3.3.4]과 같이 나타낼 수 있다.

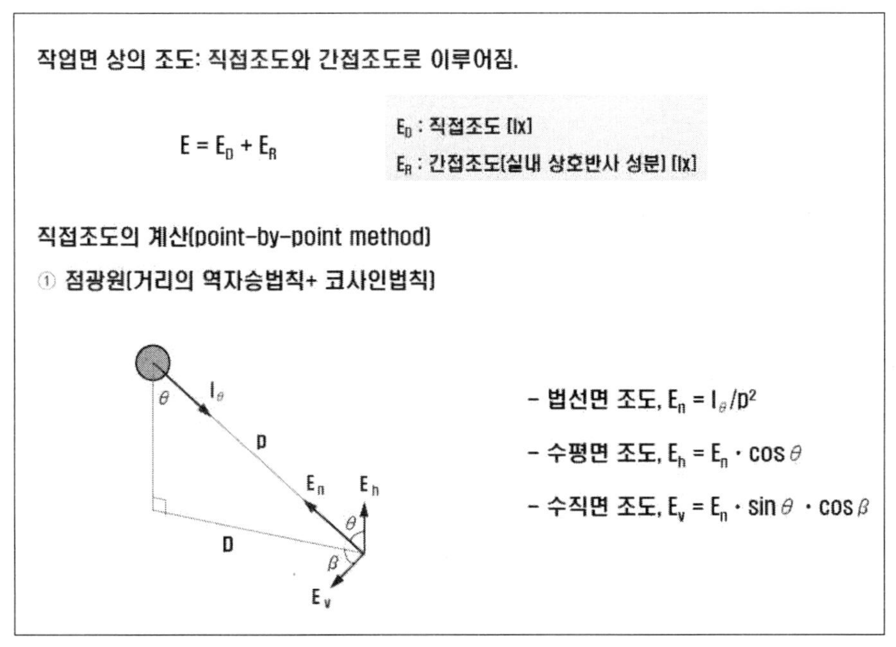

그림 3.3.4 점광원에 의한 조도

(2) 선광원에 의한 직접조도계산

형광램프와 같이 가늘고 긴 원통광원은 광원으로부터 충분히 떨어져서 보면 직선광원으로 보인다. 직선광원은 휘도를 알고 있는 것과 광도를 알고 있는 것에 따라 다소 취급이 다르지만 여기서는 광도를 알고 균등 확산 면으로 취급하여도 지장이 없는 광원에 대해 다루기로 한다. 광도 I를 갖는 길이 L인 선광원이 거리 H 만큼 떨어진 바닥에서의 수평면 집적조도가 계산되어진다.

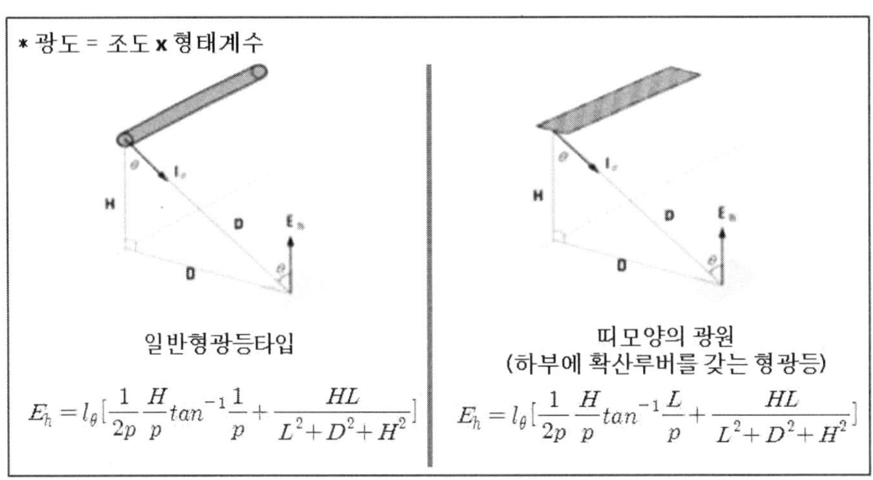

그림 3.3.5 선광원에 의한 조도

(3) 면광원에 의한 조도계산

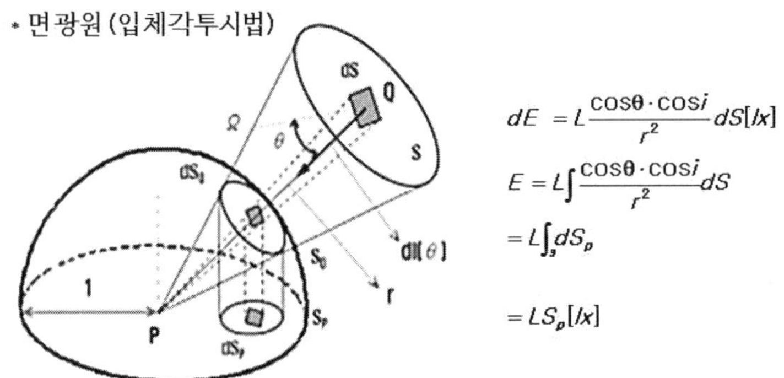

(균등확산면 광원 S상의 점Q에 있어서 미소면적 ds를 점광원으로 가정함.)

F : 조명기구 1대당 출력광속(lm)	E : 설계조도(작업면 높이에서의 평균조도)
U : 조명률	N : 조명기구 수량
A : 작업면 면적	D : 감광보상율

그림 3.3.6 면광원에 의한 조도

광천장이나 창은 면광원의 대표적인 것이지만 외구 속에 들어간 전구나 형광램프 근거리의 조도를 계산하는 경우 면광원으로 취급된다. 면광에 의한 직접조도의 계산은 복잡하므로, 간단하게 완전 확산 면으로 보고 계산하는 것이 보통이다. 완전 확산 면광원에 의한 직접 조도는 [그림 3.3.6]과 같이 S라고 하는 면이 완전 확산면 광원이며, 그의 미소부분 dS에 대해서는 점광원으로 계산하고, 이것을 전 면적에 대하여 적분하는 방법을 취한다. dS의 휘도가 L[nit]이라면 법선과 θ 각을 이루는 방향의 광도는 $dI_{\theta}=L*dS*\cos(\theta)$이며, 이 방향의 조도를 구하는 면과의 교점 P에서 조도 dE는 $dI_{\theta}*\cos(i)/r^2$이 되어 광원 S전체에 의한 P점의 조도를 계산할 수 있게 된다.

3-5. 휘도 측정

분광복사휘도는 위치, 방향 그리고 파장에 관련된 복사선속 분포를 기술하는 가장 기본이 되는 측정량이며 모든 다른 복사측정량이 이 분광 복사휘도로부터 유도될 수 있다. 이 분광복사휘도의 표준을 확립하는 방법은 두 가지로 첫째방법은 온도를 알고 있는 흑체(blackbody)에서 방출되는 복사선속에 근거를 두는 방법이고 둘째방법은 표준 광 검출기(ECR, 자체 교정된 실리콘 광다이오드)를 근거로 하여 기하학적 요소(면적, 입체각등)를 고려하여 표준을 확립하는 방법이다. 휘도를 측정하는 경우는 보통 광전휘도계가 사용된다. 렌즈 계를 사용하여 수광기 내에 만들어진 피 측정면의 이미지의 휘도를 측정하는 방법이 널리 사용되고 있다.

3-6. 분광 측정

분광 측정에서는 빛을 스펙트럼으로 분해하여 각 측정 파장마다 값을 구한다. 분광측정 장치는 분광기와 수광기로 조립된 분광측정기(Monochromator)가 주로 사용된다. 분광기는 광원으로부터 나온 빛을 스펙트럼으로 분해하는 장치이다. 프리즘과 유사한 장치로서 폭이 매우 좁고 슬릿이 사용되고 스펙트럼의 분해능은 nm 단위로 표현된다. 수광기는 광전검출기로서 빛이 충분히 강할 경우에는 광전관, 광전지가 사용이 되고 일반적으로는 측정 파장영역에 대응하는 광전자증배관이 사용된다.

4. 조명 기구 구조

조명기구의 구조는 광학적 기능을 충분히 행사하고 사용하기 쉬우면 만들기 쉽고 튼튼하면 모양이 좋아야 한다. 또한 조립, 가설, 운반, 청소, 광원의 교환 등이 쉬울 것으로 요망된다. 온도상승은 램프의 수명을 짧게 하고 배선의 절연을 해치므로, 특히 밀폐형 기구에서는 내부 용적을 충분히 잡아야 한다. 용도에 따라서 방녹, 방폭, 방수, 방습, 내산, 내알칼리 등이 요망되므로 재질에 충분한 검토가 필요하다. 구조는 그 기능으로부터 크게 광학, 전기, 기계의 세 부분으로 나누어진다.

4-1. 광학적 부분

배광을 제어하는 부분으로서 조명기구의 기능상 가장 중요하다. 재료로는 유리, 플라스틱, 금속 등이 있으며, 이들의 선택에서는 반사율, 투과율, 확산성은 물론 강도, 내구성, 물, 습기, 약품에 대한 성질, 빛을 비롯하여 자외선이나 방사선에 의해 변화되지 않고 더러워지지 않으며 청소하기 쉬운 것 등도 고려되어야 한다.

4-1-1. 유리

투명유리는 프리즘, 렌즈 또는 거울로서 굴절 또는 반사를 이용한다. 반투명유리는 그 확산성을 이용하여 갓, 글로브 등으로 빛의 방향을 변화시킴과 눈부심을 막는데 사용된다. 색유리는 신호, 색보정 등에 사용된다.

4-1-2. 플라스틱

플라스틱은 성질과 용도가 유리와 비슷하며, 가볍고 깨지지 않는 이점이 있으나 표면에 상처가 나기 쉽고 내열성이 약한 것이 흠이다. 또한 표면의 전기저항이 높아서 대전되면 전하가 없어지지 않으므로 먼지가 붙게 되어 청소가 힘든 단점도 있다. 투과재료로서는 아크릴수지가 가장 많이 사용되고 있으나, 스티롤수지의 응용도 많으며 값이 싼 것이 특징이다. 비닐수지는 더욱 싸지만 성능이 약간 떨어진다. 반사면의 도장에는 멜라민 수지, 에폭시 수지가 널리 이용되고 있다.

4-1-3. 금속

금속은 닦아서 광택이 나는 것으로 정반사를 이용하여 집광용, 투광용의 반사경을 만들며, 모양을 적절히 설계하여 배광의 정밀한 조정을 한다. 황 동판에 크롬도금을 한 것이 제작이 쉽고 견고하여 널리 사용되고 있으나, 반사율이 좋지 않은 단점이 있다. 근래에는 고 순도의 알루미늄 판을 성형한 뒤에 전해 연마한 것이 반사율이 좋아서 환영받고 있으나 값이 비싸다. 이밖에 강판이나 플라스틱으로 성형한 뒤에 알루미늄을 증차시킨 제품도 개발되고 있는데, 이는 열적 특성에 유의하여야 한다. 강판에 법랑, 에나멜이나 플라스틱 계의 도료를 칠한 것이 확산 반사 갓으로 사용된다.

4-2. 전기적 부분

소켓, 전선, 단자, 스위치, 기타 램프에 전기를 공급하기 위한 부분으로서 방전 램프용의 것은 안정기, 기동장치 등의 부속품이 포함된다. 전기적으로 충분히 안전할 것이 요구되는데, 이를 위해서는 전기를 통하는 부분의 노출이 없고 적절한 절연거리가 유지되며 적절한 내전압이 확보되어야 한다. 이에 대한 사항은 전기용품 안전 관리법에 규제에 따라 점등시험, 절연저항시험, 내전압시험, 역률시험 등의 전기성능시험을 받아야 한다.

4-3. 기계적 부분

광학적 및 전기적인 부분을 지지하고 보호하며, 그 모양을 유지하고 기능을 완전하게 하며, 건축물에 설치할 수 있도록 하는 부분으로 대체로 금속으로 만든다. 가볍고 연한 금속판을 프레스하여 사용하는 경우가 많으나, 견고함이 필요하거나 형상이 복잡한 경우에는 주물이 사용된다. 작은 부품은 플라스틱계통의 몰드나 압출로도 만들어지고 있다. 기타 나무, 종이, 천, 유리, 도기 등이 장식적인 목적으로 사용된다. 기계적 성능은 구조검사, 온도상승시험, 열 변형시험, 방수시험, 소음시험, 내구시험, 내진동 충격 시험 등으로 확인된다.

5. 조명 설계

5-1. 옥내조명설계

5-1-1. 광속 법에 의한 조명 설계방법

옥내조명에서는 광원으로부터 직사광 이외에 실내면 및 가구로부터의 상호반사에 의한 확산광을 고려하여야 한다. 여기서는 조명방식 중 전반조명을 기준으로 설명한다. 전반조명설계는 에너지보존법칙을 응용한 광속 법을 이용한 것으로서 방 전체에 균일한 조도를 얻기 위한 것이다. 실내의 전반 평균조도 설계는 조명률 또는 이용률을 사용하여 확산광에 의한 복잡한 계산을 피할 수 있다. 광속 법에 의한 설계과정은 다음과 같은 순서로 이루어진다.

(1) 광원 선택

연색성과 눈부심을 고려한 광색, 광질과 밝음, 그리고 유지/보수를 감안한 수명, 경제면에서의 효율 등이 조명하려는 목적에 적합하도록 광원을 선택해야 한다. 예를 들어 양품점, 양복점, 식료품점 및 염색실 등의 색채를 위주로 하는 곳의 조명은 무엇보다도 연색성을 주로 고려하여야 하므로 광색에 중점을 두어야 하고, 높은 천장, 도로 및 투광조명에는 유지/보수와 경제면을 고려하여 효율과 수명에 중점을 두어 광원을 선택하여야 한다. 옥내조명용 광원으로는 보통 백열전구, 형광등을 주로 사용하고 옥외용으로는 나트륨등, 고압수은등, 메탈핼라이드등 등이 널리 사용된다.

(2) 조명기구 선택

작업 목적에 알맞게 안락한 조명 방식을 얻기 위해서는 조명 기구의 특성과 형체 등을 고려하여 선택하되, 작업장의 특색과 재료의 특징, 직사 눈부심이 일어나지 않을 것, 반사 눈부심이 적을 것, 설비의 효율, 수직면과 경사면 위의 조도, 진한 그림자가 일어나지 않을 것, 유지, 관리가 용이할 것 등과 같은 사항들을 기초로 하여야 한다. 기구의 각 부분 간 휘도나 또는 기구와 주위와의 비는 3:1을 초과해서는 안된다. 이 값을 초과할 경우, 일반적으로 기구로부터의 직사 눈부심을 없앨 수 있으나 불쾌한 반사 눈부심이 남게 되며 이 반사 눈부심은 기구의 배치로서 제거할 수 있으나 기구의 적당한 선택으로 근본적으로 휘도와 확산을 조절하는 것이 더욱 좋다. 경사면이나 수직면이 크게 문제가 되는 조명설비에서는 국부조명기구나 넓은 각도로 배광하는 기구를 설비하여야 하며, 기구효율이 조명

점등비용을 좌우하므로 이를 분히 감안하여야 한다.

(3) 조명기구의 간격과 배치

균등한 조도분포를 얻기 위해서는 광원의 간격을 근접시키는 것이 좋으나, 그렇게 하면 램프를 많이 달아야 하는 단점으로 인해 설비비와 점등비가 증가하며, 경제적으로는 발광효율이 더 좋은, 즉 소비저력이 큰 램프를 적게 사용하는 것이 좋다. 이러한 상반된 요소를 만족시키는 등기구의 간격과 크기를 잘 정하여야 하는데, 작업 면 위에 가설되는 등기구의 높이와 균등한 조도분포를 얻기 위한 등기구 간격 간에는 적당한 관계를 정하여야 하며, 그늘이 작업에 곤란을 일으키지 않도록 빛이 모든 방향으로부터 입사되도록 하여야 한다. 원칙적으로 직사조도는 일반적으로 광원의 밑에서 최대이며 이곳으로부터 떨어질수록 어두워지므로 등기구의 최대 간격은 작업 면으로부터 등기구까지의 높이의 1.5배 이하로 한다.

(4) 필요한 조도 결정

작업의 종류에 따라서 적당한 조도를 KS 조도 기준에 따라 결정한다. 조도 기준에 해당되는 작업이 없을 경우에는 작업의 보임, 작업진행시간의 길이 등으로부터 유사한 것을 찾아내야 한다.

(5) 방지수 또는 실지수 결정

방의 크기와 형태는 빛의 이용에 많은 영향을 미치고 있다. 넓고 천장이 낮은 방은 좁고 천장이 높은 방에 비하여 등기구에서 공급되는 빛의 이용률이 좋은데, 그 이유는 방바닥 면적에 비하여 빛을 흡수하는 벽의 면적이 적어지기 때문이다. 따라서 방지수는 빛의 이용에 대한 방의 크기의 치수로 나타낸다. [그림 3.5.1]에서 보면 X, Y는 각각 방의 넓이와 길이, H는 작업면 위의 등기구의 높이를 나타낸다. 식에서 알 수 있듯이 H가 커질수록 벽면의 면적이 커지고 방지수가 감소한다. 따라서 조명률은 다른 조건이 동일할 경우 방지수가 적어짐에 따라서 감소함을 알 수 있다.

(6) 조명률 또는 이용률 결정

방 내면에 사용되는 일반적인 마감재의 반사율은 재료마다 다르므로 제조사에서 공급하는 값이나 실측에 의한 값을 적용한다. 보통의 경우는 천장의 반사율은 80%이상, 벽면은 50~60%, 바닥은 15~30%로 하는 것이 좋은 광 환경을 이룰 수 있다.

(7) 유지율 또는 보수율 결정

전구 필라멘트의 증발에 따른 발산광속의 감소와 유리구 내면에서의 흑화 또는 조명기구 및 실내반사면이 먼지의 축적으로 점차 더러워져서 반사율이 내려가기 때문에, 조명 설비를 사용함에 따라 작업 면 위의 조도가 점차 감소하게 된다. 이와 같은 조도의 감소를 감안하여 소요전광속에 여유를 취해 둘 필요가 있는데, 이러한 여유의 정도를 감광보상율 또는 보수율이라 한다. 보통 백열전구를 사용할 때 깨끗한 곳에서는 30%, 특히 먼지가 많은 곳에서는 100의 여유를 보이며, 따라서 전자의 경우 감광보상률은 1.3, 후자의 경우는 2.0정도로 보고 있다.

FUN = EAD	· F : 조명기구 1대당 출력광속 [lm] · E : 설계조도(작업면 높이에서의 평균조도) · U : 조명률 · N : 조명기구 수량 · A : 작업면 면적 · D : 감광보상률
실지수, K	$K = \frac{XY}{H[X+Y]}$ 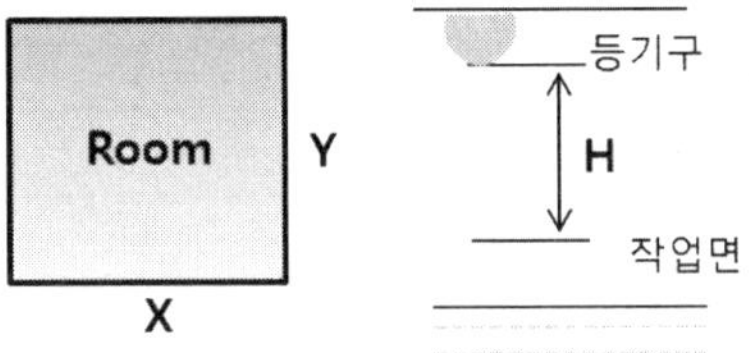 Room, X, Y, 등기구, H, 작업면
조명률 ,U (coefficient of utilization)	$U = \frac{F}{F_0}$ **X 100[%]** F_0 : 사용광원의 전광속 (lm) F : 작업면의 입사광속 (lm)
감광보상율 ,D (depreciation factor)	조명은 시간이 지나면서 광속이 감소하므로 조명설계 시 소요광속에 여유를 두어야 함. - 직접조명의 경우 : D=1.3 - 간접조명의 경우 : D=1.5-2.0 - 먼지나 오물이 많은 곳 : D= 1.5-2.0
보수율, M	$M = \frac{\text{낮아진 조도}}{\text{초기조도}} = \frac{1}{D}$

그림 3.5.1 광속법에 의한 조명계산

(8) 광원의 크기 및 평균 조도 계산

광속법을 사용한 작업면의 평균조도는 앞에서 언급된 조명률, 감광보상률, 광원 1개당 광속, 광원의 수, 방의 면적간의 관계로 부터 [그림 3.5.2]에 표현된 식으로 부터 구할 수 있다.

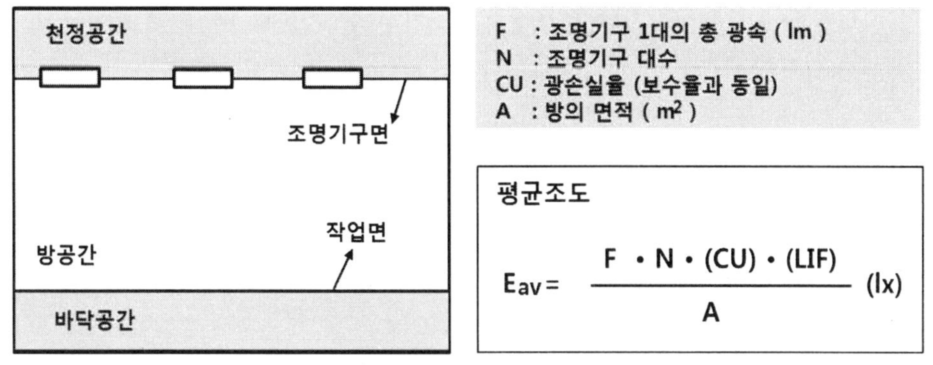

그림 3.5.2 평균 조도 계산

5-2. 옥외조명설계

5-2-1. 도로 조명

도로조명의 목적은 야간에 자동차 운전자나 보행자 등의 도로 이용자의 시각환경을 개선하여 안전하고 원활하며, 쾌적하게 도로를 이용할 수 있도록 하는 것이다. 야간 조명이 밝은 길을 이용할 때 안정감을 느끼는 것도 조명의 중요한 효과의 하나이다. 이러한 효과를 이용하여 미국에서는 고속도로에 조명을 실시하여 야간사고가 40%로 감소되었다고 한다. 이러한 도록조명의 요건은 다음과 같다.

① 노면의 평균휘도가 충분히 높아서 장애물을 실루엣으로 보이도록 한다.
② 노면휘도의 균제도가 좋으면 시각이 좋아진다.
③ 눈부심이 적게 하여 시각을 좋게 하고 불쾌감, 피로를 적게 한다.
④ 유도성을 높여서 도로의 진행방향, 굴곡상황, 위험개소를 예고시켜 운전자에게 심리적으로 안정감을 준다.

도로조명방식으로는 폴 조명방식, 하이마스트 조명방식, 구조물 설치조명방식 및 커티너리 조명방식 등이 있고, 사용되는 등기구로는 배광의 형식에 따라 컷오프형, 세미 컷오프형 및 넌컷오프형으로, 기구의 모양에 따라 하이웨이형, 현수형 및 주두형으로 구분한다. 도록조명에서의 조명률은 램프로부터 발산하는 광속 중 차도폭원에 도달하는 광속에 대한 비율로 나타내며, 조명 기구의 배광, 도로단면에 대한 조명기구의 가설위치에 따라 결정된다. 조명률 데이터는 등기구 제조사로부터 구할 수 있다.

5-2-2. 터널 조명

길이 25m 이하의 터널은 보통 조명을 필요로 하지 않지만 25~50m의 터널은 야간만 조명하고, 50m 이상의 터널은 종일점등을 실시한다. 자동차 운전자는 주간, 야외의 밝은 도로로부터 어두운 터널로 접근하여 진입, 통과하여 가는 과정에서 암순응에 따른 시각상의 문제가 발생한다. 이를 해결하기 위해서는 터널입구에 터널로 접근중인 운전자의 눈의 순응상태에 대응하여 터널의 다른 부분보다 특히 휘도레벨을 높게 하고, 이 부분이 어느 레벨 이상의 밝음으로 보이도록 조명구간의 설정이 필요한데, 이 구간을 경계부라 한다.

(1) 입구부 조명

터널을 조명하는 경우에는 주간의 밝은 순응으로부터 어두운 순응으로의 급격한 변화가 문제인데, 특히 직사일광 아래로부터 터널로 들어갈 경우가 가장 큰 문제이다. 즉, 직사일광 아래의 약 25000 lux 로부터 약 200 lux의 밝음으로 들어가도 시력은 0.7이상으로 유지되므로, 입구부의 밝음을 200 lux로 하는데, 이것을 입구 부 조명이라 한다. 입구 부 조명은 다시 경계 부, 이행 부, 완화 부로 나누어진다. 경계부는 터널입구 바로 뒤의 장애물을 설계 속도에 대응하는 시거리로부터 볼 수 있고, 필요 최소한도의 배경의 길이와 휘도를 주는 부분이다. 이행부는 터널입구 뒤의 시거리 만큼의 전방에 있는 장애물에 필요한 배경을 주는 부분이고, 완화 부는 이행부로부터 기본 조명에 연결시키는 부분으로 자동차가 터널에 돌입한 후 시거리 만큼 떨어진 장애물에 필요한 배경휘도를 주며, 자동차의 진행에 따른 완화조명곡선에 따라 휘도를 감소시켜서 터널 중앙의 기본조명으로 접속하도록 되어 있다.

(2) 기본부 조명

터널 바깥으로부터 주행진입한 자동차가 입구부 완화조명구간을 통과하여 거의 정상적 시각 상태에 도달한 후의 정상적 조명구간에서의 조명을 기본 부 조명이라 한다. 기본부에서의 조명레벨은 운전자가 밝은 야외에 순응되어 있기 때문에 보통의 도로조명에서 설정된 휘도보다 높은 레벨이다. 기본부 조명의 노면의 평균휘도는 설계 속도에 따라 100km/h일 때 9.0nit에서 40km/h일 때 1.5nit로 낮아진다. 또한 벽면의 평균휘도는 노면의 평균휘도의 1.5배 이상의 값으로 하는 것이 바람직하다.

(3) 출구부 조명

주간에 출구를 터널에서 볼 경우 대단히 밝은 배경으로 보이고, 출구 부근에 있는 모든 방해물은 검은 실루엣으로 보여 식별이 용의하다. 그러나 출구부 야외 휘도가 대단히 높은 경우, 앞서 가는 차의 실루엣이 개구부 일부를 차폐하여 전방의 장해물 식별이 곤란한 경우가 있으므로 터널 내부로부터 그 출구를 향해 70m에 걸쳐서 터널 내부로부터 출구부를 통해 야외 휘도 값의 1/10 이상의 값인 연직면 조도를 주는 것을 원칙으로 하고 있다.

(4) 램프, 조명기구 및 기구의 배치

램프는 효율, 광색, 연색성, 동적특성, 주위온도 특성, 수명 등이 터널조명에 적합한 것을 사용한다. 널리 사용되는 광원은 고압나트륨등으로, 광원의 광색이 등황색이고 비교적 파장이 길어 먼지가 많은 터널 내 환경에 적합하다. 최근에는 3파장 형광등이 채용되는 곳도 있다. 조명기구는 배광, 눈부심 제어, 조명률, 구조 등이 터널조명에 적합한 것을 사용하되, 재질은 스테인리스나 FRP의 것이 많이 사용되고 있다. 기구의 배치는 원칙적으로 노면 위 4m 이상으로 하고, 건축 한계에 접촉되지 않는 위치에 부착하는 것으로 하며, 노면 및 벽면의 휘도분포가 거의 균일해 지도록 하여 자동차 운전자에게 불쾌한 반짝임이 발생하지 않도록 해야 한다.

6. 조명 기구 종류

조명기구는 형태, 구조, 성능에 따라 매우 많은 종류가 있으며, 분류방법도 다양하다. 조명기구에 사용되는 광원에 따라서 백열전구기구, 형광램프기구, HID기구 등으로 분류할 수도 있으며, 이 경우 각 광원의 특징을 고려하여 그 형태가 최적의 사용환경을 만들어주는지의 여부가 관건이 된다. 조명기구는 광학적 특성인 배광분포 및 그 형태와 용도에 따라서 분류할 수 있으며, 설치방식 용도 등을 감안하여 최적의 조명기구를 제작하거나 선정할 수 있는 기본이 된다.

6-1. 배광에 따른 분류

국제조명위원회(CIE)에서는 조명기구의 광학적인 성능을 나타내는 배광분포에 따라 [그림3.6.1]과 같이 직접 조명 형, 반 직접 조명 형, 전반 확산 조명 형, 반 간접 조명 형, 간접조명형의 다섯 가지로 분류하고 있으며, 미국에서는 이에 직접 간접형을 더하여 여섯 가지 분류를 사용하고 있다. 이러한 분류는 작업 면 방향으로 향하는 직접성분과 천장방향으로 향하는 간접성분이 옥내조명의 분위기에 미치는 영향이 다른 것을 감안한 분류이다.

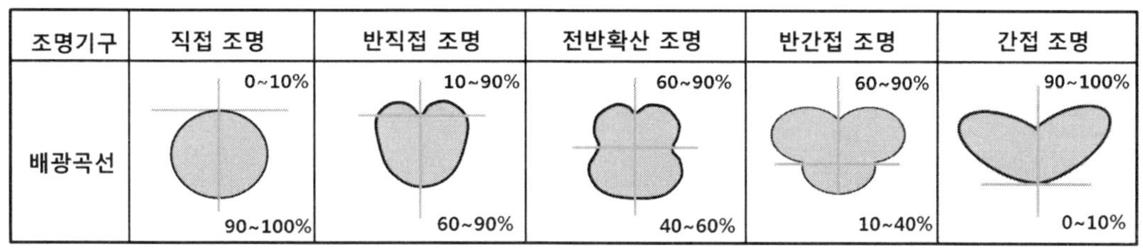

그림 3.6.1 조명기구의 배광분포에 따른 분류

6-1-1. 직접조명기구

이 기구는 방산광속을 거의 대부분(90~100%) 아랫방향으로 향하게 하여 작업면을 직접 조명하는 조명 방식이다. 이 방식은 작업면에서 높은 조도를 얻을 수 있으므로 공장이나 사무실 등에서 일반적 조명방식으로 널리 사용되고 있다. 그러나 주위와의 심한 휘도 차이, 짙은 그림자와 눈부심 등으로 작업자를 괴롭히는 것이 단점이다. 따라서 기구를 설치할 때는 고 휘도 광원이나 광원과 배경과의 심한 휘도 차이 등으로 인한 눈부심이 작업자의 눈에 들어오지 않도록 적극 피하여야 한다. 직사광이 직접 눈에 들어오는 것을 막기 위해서는 30도 정도의 차 광각이 필요하다. 직접조명기구는 루버기구, 스포트라이트 기구, 반사 갓과 유리 및 플라스틱판 매립기구 등으로 이루어진다. 이 조명기구는 보통 두 가지로 구분되며, 빛을 집중시키는 것과 분산시키는 것이 있다. 빛을 집중시키는 것은 설치높이가 높은 장소에서 작업 면에 집광시키는 것이며, 빛을 분산시키는 것은 설치높이가 낮은 곳에서 사용된다.

6-1-2. 반직접조명기구

이 기구로부터의 발산광속은 60~90%가 아랫방향으로 향하여 작업면에 직사되며, 윗 방향으로 10~40%의 빛이 향하여 천장이나 벽의 윗부분에서 반사된 반사광이 작업면의 조도를 증가시킨다. 반사광은 옥내면 재질이 대개 확산면으로 되어 있어 확산성을 가지므로, 옥내전체를 고루 밝혀서 밝기의 차이를 줄이고, 그림자도 거의 없어지게 하여 부드러운 분위기를 조성하는 역할을 한다. 일반적으로 이러한 종류의 기구는 밑바닥이 개방되어 있고 갓이 젖빛유리나 플라스틱으로 되어있으며, 이반 사무실이나 주택의 조명에 사용된다.

6-1-3. 전반확산조명기구

수평 작업면 위의 조도는 기구로부터의 직사광에 의하고, 윗 방향으로 향한 빛이 천장이나 윗벽부분에서 반사광을 이룬다. 이 종류의 조명기구의 대부분은 젖빛유리나 플라스틱 및 아크릴의 외구형으로 고급 사무실, 상점, 주택, 공장 등의 전반조명용으로 사용되고 있다. 이와 같은 젖빛 외구형은 발광면을 크게 하여 광원의 휘도를 감소시켜서 눈부심을 느끼지 않도록 하기 위한 것이다. 외구내의 온도상승을 어느 한도로 억제하기 위하여 보통 외구의 크기를 조절한다.

6-1-4. 반간접조명기구

이 방식은 발산광속의 60~90%가 윗 방향으로 향하여 천장, 위벽부분으로 발산되고, 나머지 부분이 아랫방향으로 향한다. 이처럼 천장을 주 광원으로 이용하므로 천장의 색과 유지율에 대하여 고려하여야 한다. 이 기구는 간접방식보다 약간 많은 광속과 질이 좋은 빛을 발산하고, 세밀한 일을 오랫동안 해야 되는 작업에 적당하지만 효율을 감안할 때 교실이나 사무실에서는 사용하기 어렵다. 이 기구의 아래방향 휘도는 0.5nit를 초과하면 천장보다 밝게 보이게 되어 좋지 않다.

6-1-5. 간접조명기구

이 기구는 거의 모든 광속(90~100%)을 윗 방향으로 향하여 발산하며, 천장 및 윗벽부분에서 반사되어 방의 각 부분으로 확산시키는 방식이다. 대단히 넓은 면적의 천장이 광원으로서의 역할을 하기 때문에 직접 눈부심은 거의 일어나지 않는다. 그러나 천장과 윗벽부분이 광원의 역할을 하므로 이 부분은 밝은 색이어야 하고, 빛이 잘 확산되도록 광택이 없는 마감으로 하여야 한다. 천장 전체가 광원이 되므로 반사 눈부심을 없애기 어렵기 때문에 VDT 등을 많이 사용하는 장소에서는 이를 감안하여야 한다. 이와 같은 간접조명방식은 우수한 확산성과 낮은 휘도로 인해 위생적인 시각조건을 갖추고 있으나, 설비비와 경상비가 많이 드는 것이 단점이다. 이 방식은 주로 대합실, 입원실, 회의실 등에 사용되고 있다.

6-2. 형태에 따른 분류

6-2-1. 샹들리에

샹들리에는 중세 유럽의 궁전조명에서 기원한 것으로 당시에는 광원으로 양초를 사용하였다. 현재에는 광원을 여러 개 사용하며, 기부 본체부분과 등 부분이 분리되고 암을 이용해 연결된 다 램프용 기구나 장식성이 강한 호화 대형 기구를 일컫는다. 광원은 전구가 주체이나 형광램프나 LED를 사용하는 경우도 많다. 장식성을 중시하며 공간이미지나 내장과의 조화를 도모할 수 있도록 디자인에 따라 매우 많은 종류가 있고, 경우에 따라서는 옥내 디자인을 고려하여 별도로 설계하여 제작하는 경우도 있다. 밝음을 필요로 하는 장소에는 형광 램프 형, 분위기나 연출을 목적으로 하는 경우 전구형이 주로 선택하게 된다. 밝기는 디자인에 따라 상당히 달라진다. 전구를 사향하여 설치했는지, 아니면 하향하여 설치했는지의 여부, 램프를 덮는 그로브의 재질 등이 영향을 준다. 구조는 매다는 형태와 직부형 등이 있으며, 일반적으로 무게가 무겁기 때문에 설치하는 천장부위에 적당한 조강을 하는 것이 필수적이다.

그림 3.6.2 샹들리에

6-2-2. 매다는 조명기구(펜던트)

코드, 와이어, 체인, 파이프 등으로 매다는 기구의 총칭이며, 특히 펜던트는 보통 전구형의 매다는 기구를 일컫는다. 광원은 기본적으로 1등용이지만 여러 개의 램프를 사용하는 경우도 있으며, 세이드나 글로브가 일체형으로 되어 있고, 샹들리에보다 소형의 기구이다. 직관형 형광램프를 사용하는 매다는 기구는 비교적 대형으로 간접성분을 적절히 갖도록 하는 다양한 배광형태를 부여하여 대규모 공간의 주 조명으로 사용된다. 유럽에서는 측면방향으로의 배광을 없앤 직접 간접 식 매다는 조명기구가 사무실 등의 조명에 많이 사용되고 있으나, 우리나라에서는 천장높이 등의 문제로 인해 많이 사용되지 않고 있다. 백열전구나 콤팩트 형광램프를 사용하는 소형 기구는 거실의 주 조명, 현관이나 복도의 조명, 식탁용 등 적용범위가 다양하며 기구디자인에 따라 밝기나 조도분포가 매우 달라진다. 코드를 사용하여 매어단 펜던트는 무게 5kg 까지만 인정되며, 그 이상의 기구는 체인을 이용해야 한다. 유리글로브를 채용한 것은 상당히 중량이 있고, 둥근형 형광램프를 쓴 것은 안성기 중량이 있으므로 주의하여야 한다.

그림 3.6.3 펜던트 조명

6-2-3. 벽부조명기구(브래킷)

벽이나 기둥과 같이 방의 측면에 설치하는 조명기구를 총칭한다. 욕실 등에 설치하는 고무패킹으로 밀폐된 방습 형 기구나, 현관이나 처마 밑과 같이 비가 들이칠 우려가 있는 옥외에 사용하는 방우 형 기구도 포함된다. 비교적 소형의 기구가 많고, 보조 조명으로서 다른 기구와 병용하여 공간의 연출 효과를 노리는 데 이용된다. 옥외용으로 사용할 경우에는, 장시간 점등하므로 경제성이나 보수성을 고려하는 것이 중요하다. 방습, 방우형의 조명기구인 경우 설치나사나 전원선의 관통부분에서 물이 침입할 우려가 있으므로 설치 시 특히 주의하여야 한다.

그림 3.6.4 벽부 조명 기구

6-2-4. 천장 직부형 조명기구(실링라이트)

천장에 조명기구를 직접 설치하는 기구의 총칭이다. 대형에서 소형까지, 사용공간이나 목적에 따라 디자인 변화가 매우 많다. 대형 기구는 형광램프를 사용하며 비교적 높은 조도를 필요로 하는 전반조명에 적합하고, 소형 기구는 주로 전구를 사용하며 보조조명이나 작은 공간의 조명에 적용한다. 방수기능을 가진 것도 많아 욕실, 옥외용으로 사용하는 경우 설치에 주의하여야 한다. 투광커버로 유리나 플라스틱으로 씌운 것은 재료에 따라 밝기가 상당히 다르므로 재료선정에 유의하여야 한다.

그림 3.6.5 천장 직부형 조명기구

6-2-5. 매립형 조명기구

천장에 구기 전부 또는 일부를 매립한 기구로서 비교적 대형의 형광램프가 주류이다. 천장면이 말끔해서 넓은 공간의 전반조명으로 사무실, 상업시설에 널리 사용된다. 조명기구가 천장 내에 있으므로 디자인의 변화는 그다지 다양하지 못하며, 광학적 성능을 위주로 선정하는 것이 바람직하다. 천장공사를 해야 하므로, 미리 천장 위의 구조나 공간깊이를 확인하여야 한다. 우리나라에서는 천장구조물의 종류가 다양하지 못하고, 매립형 조명기구를 설치할 경우 C채널이나 M바 등의 설치구조물을 절단하여야 하는 경우가 많으므로 이를 감안한 설치방법의 개발이 요청된다. 매립형 조명기구는 한 번 설치하면 교환이 어려우므로 기구 선정을 신중히 선택하여야 한다.

6-2-6. 다운라이트

매립형 조명기구 중에서 백열전구, 콤팩트 형광램프, HID 램프 등의 소형광원을 사용한 것으로 광학 기능을 중시한 소형 기구를 다운라이트라 한다. 각각의 배광특성에 따라 모든 옥내공간에 사용되나, 상들리에나 직부 형 기구에 비하여 디자인 변화는 다양하지 못하다. 즉, 기구의 모양은 큰 차이가 없으나, 배광형태는 전혀 다른 것이 많으므로 기구 선정 시 배광형태를 반드시 확인해야 한다. 천장에 매립하므로 설치 시에 역시나 천장 위의 구조를 확인할 필요가 있다.

그림 3.6.6 다운라이트

6-2-7. 스탠드

가구, 집기, 바닥 등의 위에 놓고 사용하는 이동 가능 형 조명기구를 스탠드라고 한다. 다양한 디자인으로서 장식적인 의미도 있고, 고도의 시 작업을 요하는 장소에 대한 보조조명의 의미를 가지기도 한다. 지주가 낮은 것을 탁상 스탠드, 높은 것을 플로어 스탠드라고 부른다. 광원으로는 종래 백열전구가 주로 사용되던 것에 비해, 근래에는 콤팩트 형광램프나 할로겐전구 등이 많이 사용되고, 냉음극 형광램프(CCFL)이나 LED 등 소형 광원을 이용함으로써 효율을 향상시키면서 디자인의 자유도를 높이려는 시도도 활발하다. 탁상용 스탠드를 사용하는 경우에는 손 그림자 등이 시각작업에 장애가 되지 않도록 위치를 잘 선정하고, 어떤 경우에도 시력의 보호를 위하여 천장조명을 점등한 상태에서 같이 사용하는 것이 바람직하다.

그림 3.6.7 스탠드

6-2-8. 스포트라이트

지향성이 있는 빛을 조사하기 위한 조명기구로서 천장이나 벽에 직부 하는 것, 라이팅 덕트에 설치하는 것, 천장에 매립하는 것 등 다양한 설치방법이 있다. 라이팅 덕트는 상점이나 미술관 등에서 전시내용에 따라 조명위치나 기구를 바꾸기 위해 사용한다. 매립형의 경우에는 필요에 따라 기구 본체에서 투광체를 꺼낼 수 있는 다운라이트 겸용형도 있다. 광원으로는 주로 전구류를 사용하며, 보통의 전구, 반사 형 전구, 소형 할로겐 전구 등이 사용된다. 저전압(12V)의 소형 할로겐 전구는 필라멘트 길이가 짧아 점광원에 가까우므로 배광제어가 용이하다는 장점이 있어 많이 사용된다. 명확한 윤곽의 스포트라이트를 만들어내기 위해서는 전면에 렌즈를 사용한 형태의 조명기구가 필요하다.

그림 3.6.8 스포트라이트

6-2-9. 폴램프

옥외 전용으로 등주인 폴의 위에 등체를 설치한 방수형 기구를 총칭하여 폴램프라 한다. 사용 장소와 목적에 따라 가로등, 도로등, 정원등, 방범등 등이 있으며, 광원은 HID 램프가 주체이나 콤팩트 형광램프나 저압나트륨램프를 사용하는 경우도 있다. 기구를 선정할 때에는 사용목적에 적합한 배광을 갖는 조명기구를 선택하는 것이 가장 중요하며, 사용시간이 길고 사용조건이 가혹하므로 수명이나 유지보수도 반드시 고려하여야 한다. 즉 같은 도로조명기구라도 2,3,4차로에 따라 배광이 달라야 하며, 인도에 대한 조명을 어떻게 할 것인가에 따라서도 배광이 다르다. 폴램프는 야간뿐 아니라 주간에도 도시의 미관에 매우 큰 영향을 미치므로, 설치환경을 고려하여 적합한 디자인을 행하는 것이 좋으나, 과도한 디자인은 역효과를 내는 경우도 있으므로 유의하여야 한다. 정원등이나 방범등 같은 것은 자동점멸기가 내장된 구조를 갖는 것이 편리하다.

그림 3.6.9 폴 램프

6-2-10. 투광기

반사경 또는 렌즈를 사용하여 주어진 범위 내의 방향으로 빛을 모으는 조명기구를 투광기라고 한다. 옥내외의 스포츠시설, 공사현장, 옥외작업장, 건물의 투광조명 등에 그 사용이 증가되고 있다. 투광기는 다양한 빔 형태를 가지며, 같은 조명기구라도 반사경을 바꾸거나 램프위치를 변경하여 배광을 바꿀 수 있는 것도 있다. 광원으로는 대용량의 HID램프, 크세논램프, 할로겐전구 등이 사용된다. 투광기는 광학적 성능이 매우 엄밀하게 규정되고 설계 및 측정되어야 하며, 설치시에도 조명설계와 일치하도록 많은 주의를 기울여야 한다.

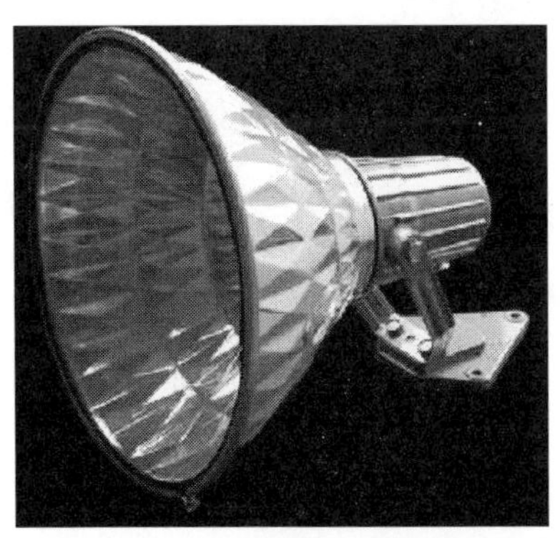

그림 3.6.10 투광기

6-3. 용도에 따른 분류

6-3-1. 눈부심제어형 조명기구

VDT 사용 장소에 매립형 하면개방기구나 커버 부착형기구를 사용하면 화면에 조명기구의 높은 휘도부분이 비쳐서 화면상의 문자가 보이지 않는 반사 눈부심의 문제가 생긴다. 눈부심 제어형 조명기구는 포물형의 단면을 갖는 거울 면 반사의 격자루버(파라볼릭 루버)를 이용하여 형광램프에서의 빛을 제어해서 연직각 60도 이상의 방향에서 기구를 볼 때 거의 빛이 보이지 않도록 설계되어 있다. 차광각을 30도 하는 것은 일반적인 VDT 시 작업에서 머리 뒤에 있는 조명기구에서 연직각 60도 위쪽으로의 빛이 VDT 에 반사되기 때문이다. 파라볼릭 루버는 그 단면의 모양을 포물선 형태로 한 것으로 상부에 있는 램프의 상이 맺히지 않아 거울 면 반사판을 사용할 수 있고, 넓은 간격에서도 차광각을 크게 할 수 있어 높은 효율을 유지한다. 이라한 큰 차광각의 눈부심제어형 조명기구를 사용하는 경우 천장과 벽의 위쪽부분이 어두워서 방 전체가 어둡게 보이는 동굴효과로 인해 심리적으로 좋지 않으므로, 근래에는 간접성분을 강화한 조명기구로서 간접 눈부심을 없애는 방식의 조명이 추천되고 있다.

6-3-2. 방폭형 조명기구

공장 등에서 폭발성 가스가 공기와 혼합하여 폭발의 위험이 있는 경우 사용하는 조명기구이다. 램프를 보호하는 커버나 외부에서의 충격에서 보호하는 가드 등을 설치하고, 전기적 부분이 완전히 외기와 차단되는 구조로 만들어져 있다. 방폭 구조에 따라서 내압 방폭 구조, 안전증가 방폭 구조로 구분되며 각각 사용조건이 정해져 있다.

6-3-3. 공조형 조명기구

천장에는 많은 종류의 설비가 늘어가며, 이 주에서도 조명기구와 공조 설비의 크기가 가장 큰 편이라고 할 수 있다. 공조 설비 주에서 공기의 출입통로를 조명기구와 결합한 특수기구를 공조형 조명기구라고 한다. 조명기구의 윗부분을 개방하여 천장 뒤를 공기의 통로로 한 것, 또는 조명기구를 직접 덕트에 접속한 것 등 공조 설비에 따라 구조가 다르다. 또한 온도에 따른 방전램프의 특성변화를 감안하여 기구 내부를 직접 공기의 통로로 한 단일 쉘형, 기구의 외측을 씌워서 그 사이를 공기의 통로로 한 이중 쉘형, 램프의 발생 열을 차단하기 위해 조명 기구을 이중벽으로 하고, 그 외측을 씌워 공기의 통로를 만든 삼중 쉘형 등이 있다. 최근에는 설치높이를 고려하여 공기통로를 기구의 양측으로 설치한 측면 덕트형도 발표되었다. 공조형 조명기구를 사용할 경우에는 공기의 흐름변화에 따른 먼지의 퇴적여부, 램프 및 안정기부분의 온도변화에 따른 특성변화 여부를 신중하게 고려하여야 한다.

6-3-4. 방수형 조명기구

옥외나 처마 밑 등비가 들이치거나 물이 튀는 장소, 습도가 높은 장소에는 방수형 조명기구를 사용한다.

6-3-5. 이중절연 조명기구

기구 본래의 기능에 필요한 절연으로 감전에 대해 기초적 보호물이 되는 기능절연 외에, 기능절연이 파괴되어도 확실히 감전방지가 되도록 보호절연을 부가한 조명기구를 말한다. 구조 등의 문제로 이중절연이 어려운 위치에도 이와 동등한 정도의 강화절연을 행하여야 한다.

참고문헌

[1] 지식경제부, "조명산업 비전 및 발전 전략", 2006. 08

[2] 지식경제부, "고효율에너지기자재 보급 촉진에 관한 기술기준", 고시 제 2008-11호, 2008. 04

[3] 지식경제부, "LED 산업 新성장동력화", 2008. 05

[4] 한국조명연구원, "차세대 LED조명의 최근 동향", 기술세미나, 2008. 12

[5] 지식경제부 기술표준원 "한국산업표준제정" 고시, 2009

[6] 한국조명전기설비학회, "차세대 조명 융합기술 현황", pp. 4-43, 2009. 06

[7] 황명근, "조명공학개론" (ISBN 89-954429-0-5, 2003)

[8] 박대희 외4, "디스플레이공학" (ISBN 89-5667-269-5, 2005)

[9] 장우진 외 8, "고휘도 LED 조명기술" 2005

[10] 장우진 외 5, "고출력 LED 및 고체광원 조명기술" (ISBN 89—5761-175-4, 2006)

[11] 장우진 외 5, "LED 조명기술 개론" (ISBN 978-89-5761-286-6 2009)

[12] 최안섭, 박병철 "친환경 조명 및 조명 설계" 설비저널 제 38권, 제6호, 2009. 06

황 명 근
수석연구원

서울산업대학교 전자공학과 졸업(학사)
한양대학교 전자공학과 졸업(석사)
인하대학교 전기공학과 졸업(박사)
현재, 한국조명연구원 연구사업부장, 부천 RIS사업단장
차세대 LED조명인력양성센터장

■ 전문활동분야
한국조명전기설비학회 편수이사, 국제조명위원회(CIE)한국위원회 (KCIE) 이사
대한전기학회 편수위원, IEC/TC82 전문위원 등

■ 관심분야
신광원 및 PV응용분야, LED램프 최적설계/분석, 광물성과 복사도 평가/분석 등
LED조명 인력양성

박 승 옥
대진대학교 교수

이화여자대학교 물리학과 졸업(이학사)
이화여자대학교 대학원 물리학과졸업(이학석사)
한국과학기술원 물리학과 졸업(이학박사)
87년~92년 한국표준과학연구원 분광색채연구실 선임연구원
92년~현재, 대진대학교 물리학과 정교수

■ 관심분야
LED 광색에 대한 색채감성 평가
조명의 밝기와 색을 고려한 디스플레이 화질평가
디지털 이미징 장치의 색 특성 묘사
디스플레이 색 특성 평가 및 색보정
디스플레이 색 측정 및 보정 장치 개발Color Management System 구현

임 종 민
책임연구원

호서대학교 전기공학과 졸업(학사)
호서대학교 대학원 졸업(석사)
호서대학교 대학원 졸업(박사)
현재, 한국조명연구원 시험교정부 책임연구원

■ 관심분야
LED교통신호등, 광학분야 등

노 재 엽
선임연구원

호서대학교 전기공학과 대학원(석사)
호서대학교 전기공학과 대학원(박사)
전기공사기사 I급 자격증 취득
신성대학 겸임교수
현재, 한국조명연구원 연구사업부 선임연구원/팀장

■ 관심분야
조명기기 옥내환경과 조명설계
CMH램프 성능평가 및 분석
LED 성능평가 및 분석
LED조명 인력양성 등

실무자를 위한
조명기초 가이드

지은이와 협의 인지 생략

인　　쇄 : 2010년 7월 05일
발　　행 : 2010년 7월 10일
공　　저 : 황명근 · 박승옥 · 임종민 · 노재엽
발 행 처 : 도서출판 아진
135-010
서울시 강남구 논현동 148-19 한미빌딩 201호
TEL:02-737-0663 FAX:02-737-0664
Homepage:ajin.to
E-mail:kgb@ajin.to
발 행 인 : 김 근 배
등록번호 : 제300-1995-56호
ISBN : 978-89-5761-318-4 93560

파본 및 낙장본은 교환하여 드립니다.
이 책의 일부 혹은 전체 내용을 아진출판사의 허락 없이
복사 · 전재하는 것은 저작권법에 저촉됩니다.

가격 15,000원

도서출판 아진

LED 조명책 소개

LED 조명기술개론
장우진, 황명근, 박승욱
이성남, 노재협, 조현민 공저
가격 20,000원

LED 조명설계 및 시뮬레이션
황명근, 박승욱, 박상준, 서현배 공저
가격 20,000원

친환경 고효율 LED 조명
황명근, 박재환, 임종민, 이장원 공저
가격 20,000원

LED 조명 광학설계 이론 및 활용 1
황명근, 안수호, 반기현, 백승욱 공저
가격 20,000원

LED 조명 광학설계 이론 및 활용 2
황명근, 안수호, 백승욱
신상욱, 홍성욱 공저
가격 20,000원

최신 무대조명기술
황명근, 이장원, 노재엽 공저
가격 20,000원

실무자를 위한 조명기초 가이드
황명근, 박승욱, 임종민, 노재엽 공저
가격 20,000원

Lightscape/Relux를 이용한 조명설계 프로그램의 이해와 활용
황명근, 안수호, 홍성욱, 박상준 공저
가격 15,000원

실내외 LED조명 디자인과 응용
황명근, 이장원, 노재엽 공저
가격 20,000원

LED 방열설계와 측정기술
황명근, 서영배, 김영길
서원배, 김규형 공저
가격 20,000원

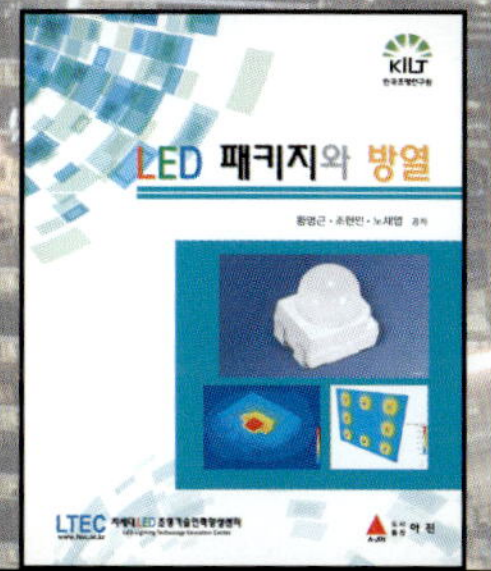

LED 패키지와 방열
황명근, 조현민, 노재엽 공저
가격 15,000원

최신 영상조명기술
황명근, 이장원, 노재엽 공저
가격 20,000원

차세대LED조명기술인력양성센터
LED Lighting Technology Education Center
www.ltec.or.kr

서울시 강남구 논현동 148-19 한미빌딩 201호
TEL : 737-0663 FAX : 737-0664
Homepage : http://ajin.to